U0079157

賀成交！

超級業務金牌手冊

【序　言】

銷售是一個被認可的過程，首先要讓對方認可自己，只有銷售員被認可了才可能有下一步，接著就是要讓對方認可公司，認可產品。任何一個創造優秀業績的業務員都是一個能被客戶接受和認可的業務員。只要讓對方認可了自己，認可了公司，認可了產品，銷售一定能成功。成功的銷售不僅僅依靠完美的產品，更需要完美的業務員。

日本東京貿易公司有一位專門負責為商務客訂票的小姐，她幫德國一家公司的業務經理購買往來東京、大阪之間的火車票。

不久，這位經理發現了一件有趣的事：每次去大阪時，他的座位總是靠列車右邊的窗口；返回東京時又總是靠左邊的窗口。經理問小姐其中緣故，小姐笑答：「車去大阪時，富士山在你右邊，返回東京時，山又出現在你的左邊。我想，外國人都喜歡日本富士山的景色，所以我替你買了不同位置的車票。」

就這麼一樁不起眼的小事，使這位德國經理深受感動，促使他把兩家公司之間的貿易額由四百萬歐元提高到一千兩百萬歐元。

一個小小的細節，為公司帶來了大大的收益，很多時候，銷售就是從提供服務開始的。想要取得卓越的銷售業績，就要從現在開始，約束自己的行為，讓自己成為最能被客戶接受的人。督促自己，培養能幫助自己成為優秀業務員的好習慣，努力提升個人修養，向其他成功的推銷員學習銷售之道，這樣才能在老闆和客戶之間得到更好的生存空間。除了要讓客戶認可自己，還要讓客戶認可公司和產品。每一樣產品都有它的獨特之處，以及和其他同類產品不同的地方，這便是它的特徵。產品的特徵可以讓顧客把你推薦的產品，從競爭對手的產品或同製造商其他型號的產品中突顯出來。

譬如說推銷傢俱時，可以鼓勵顧客親身體驗，請他們用手觸摸傢俱表面的纖維或木料，坐到椅子上或到床上躺一會兒。用餐桌布、食具和玻璃器皿佈置桌面；整理床鋪後，擺上兩個有特色的枕頭；休閒躺椅旁的桌子上，擺放一座檯燈和一些讀物。展示給顧客看如何使用沙發床，也可請顧客坐到躺椅上，嘗試調整它的斜度。

推銷有關食物的產品時，向顧客展示怎樣使用某種材料或烹調一種食品；展示合適的食譜，陳列幾款建議的菜肴，並讓顧客現場品嘗。建議如何把某種食品搭配其他菜式，例如，做一頓與眾不同的假日大餐，又或將它製成適合野餐或其他戶外活動享用的食物。

如果你能做好銷售中的每一步，有什麼理由不能成功呢？堅持下去，你一定能成為銷售冠軍的。

Chapter 1 將任何產品賣給任何人

Chapter 2 要成功推銷需養成的好習慣

Chapter 3 金牌業務要具備的個人修養

Chapter 4 事半功倍的生存準則

賀成交！超級業務金牌手冊

賀
CHAPTER
1
將任何產品
賣給任何人
Business

01 精通你的產品，為完美推銷做準備

客戶最希望銷售人員能夠提供有關產品的全套知識與資訊，讓客戶完全瞭解產品的特徵與效用。倘若銷售人員一問三不知，很難在客戶中建立信任感。因此著名的推銷員吉拉德認為，在出門前，應該先充實自己，多閱讀資料，並參考相關資訊。

做一位產品專家，這樣才能贏得顧客的信任。假設你銷售的是汽車，不能只說這個型號的汽車可真是好，最好還能在顧客問起時說出：這種汽車引擎的優勢在哪裡，這種汽車的油耗情況和維修、保養費用，以及和同類車相比它的優勢是什麼，等等。

多瞭解產品知識很有必要，產品知識是建立熱忱的兩大因素之一。若想成為傑出的推銷員，工作熱忱是不可或缺的條件。

Chapter 1

將任何產品賣給任何人

吉拉德告訴我們，一定要熟知你所銷售的產品的知識，才能讓你對自己的銷售工作產生高度的工作熱忱。能用一大堆事實證明做後盾，是一名銷售人員成功的信號。要激發高度的銷售熱情，你一定要變成自己推銷產品的忠誠擁護者。

如果您用過產品而感到滿意的話，自然會有高度的銷售熱情，不相信自己的產品而拿來推銷的人，只會給人一種隔靴搔癢的感受，想打動客戶的心，就很難了。

我們需要產品知識來增加勇氣，產品知識會使我們更像專家。許多剛出道不久的銷售人員，甚至已有多年經驗的業務代表，都會擔心顧客提出他們無法回答的問題。對產品知識知道得越多，工作時當然越有自信。

產品知識會使我們在與專家對談的時候更有信心。尤其在與採購人員、工程師、會計師及其他專業人員談生意的時候，更能證明充分瞭解產品知識的必要。可口可樂公司曾詢問過幾個較大的客戶，請他們列出優良銷售人員最傑出的素質。得到的最多回答是：「具有完備的產品知

識。」

越是瞭解產品，就越會明白產品對使用者來說有什麼好處，也就越能用有效的方式為顧客說明。

此外，產品知識可以增加你的競爭力。假如你不把產品的種種好處陳述給顧客聽，如何能激發起顧客的購買欲望呢？瞭解產品越多，就越能無所懼怕。產品知識讓你更容易贏得顧客的信任。

02 產品至上，認真塑造產品形象

塑造形象的意識是整個現代推銷意識的核心。良好的形象和信譽，是企業的一筆無形資產和無價之寶，對於推銷員來說，在客戶面前最重要的是珍惜信譽、重視形象的經營思想。

國內外許多推銷界的權威人士提出，推銷工作蘊含的另一個重要目的，除了「買我」之外，還要「愛我」，即塑造良好的公眾形象。在這裡有一點需要說明，那就是樹立的形象必須是真實的，公眾形象要求以優質的產品、優良的服務以及推銷員的言行舉止為基礎，捏造出來的形象也許可能會存在一時，但不可能長久存在。

具有強烈塑造形象意識的推銷員，很清楚用戶的評價和回饋對於自身工作的極端重要性，他們會時時刻刻呵護自己的聲譽。吉拉德曾講過這樣一個案例。

如果可口可樂公司遍及世界各地的工廠在一夜之間被大火燒光，那麼第二天的頭條新聞將是「各國銀行爭先恐後地給這家公司貸款」，這是因為，人們相信可口可樂不會輕易放棄「世界第一飲料」的形象和聲譽。

這家公司在紅色背景前簡簡單單寫上八個英文字母 Coca Cola 的鮮明標記，透過公司宣傳推銷工作的長期努力，已經得到了全世界消費者認可，他們的形象早已深入各界人士的腦海裡，一旦具備了相應的購買條件，他們尋找的飲料必是可口可樂無疑。

對於任何工商企業的推銷員而言，確立塑造形象的意識是籌畫一切推銷活動的前提與基礎。只有明確認識到，良好的形象是種無形的財富和取之不盡的資源，是企業和產品躋身市場的「護身符」，才能卓有成效地開展各種類型的宣傳推廣活動。

有位兒童用品推銷員，介紹他採用產品接近法推銷一種新型鋁制輕便嬰兒車的過程，非常有趣：

Chapter 1

將任何產品賣給任何人

我走進一家商場的營業部，發現這是在我見過所有百貨商店裡最大的一個，經營規模可觀，各類童車一應俱全。

我在一本工商名錄裡找到商場負責人的名字，當我向女店員打聽負責人工作地點時，進一步知道了他的尊姓大名。

女店員說他在後面辦公室裡，於是我來到那間小小的辦公室，剛進去，他就問：「有何貴事？」我不動聲色地把輕便嬰兒車遞給他。

他又說：「什麼價錢？」我就把一份內容詳細的價目表放在他的面前，他說：「送六十輛來，全要藍色的。」

我問他：「您不想聽聽產品介紹嗎？」

他回答說：「這件產品和價目表已經告訴我所需要瞭解的全部情況，這正是我所喜歡的購買方式。請隨時再來，和您做生意，實在痛快！」

吉拉德說，讓產品先接近顧客，讓產品做無聲的介紹，讓產品默默推銷自己，這是產品接近法的最大優點。例如，服裝和珠寶飾物推銷員可以一言不發地把產品送到顧客的手中，顧客自然會看看貨物，一旦顧客發生興趣，開口講話，接近的目的便達到了。

03 在推銷之前準備好道具很必要

下面是CFB公司總裁克林頓比洛普的一段創業經歷：

在克林頓事業的草創期，也就是他二十幾歲的時候，便擁有了一家小型的廣告公關公司。為了多賺一點錢，他同時也為康乃迪克州西哈佛市的商會推銷會員證。

在一次特別的拜會中，他會晤了一家小布店的老闆。這位工作勤奮的小老闆是土耳其第一代移民，他的店鋪離那條分隔哈佛市與西哈佛市的街道只有幾步路的距離。

「你聽著，年輕人。」他以濃厚的口音對克林頓說道：「西哈佛市商會甚至不知道有我這個人。我的店在商業區的邊緣地帶，沒有人會在乎我。」

「不，先生，」克林頓繼續說服他：「你是相當重要的企業人士，我們當然在乎你。」

「我不相信，」他堅持己見：「如果你能夠提出一丁點兒證據反駁我對西哈佛商會所下的結論，那麼我就加入你們的商會。」

克林頓注視著他說：「先生，我非常樂意為你做這件事，」然後他拿出了準備好的一個大信封。

克林頓將這個大信封放在小布店老闆的櫃臺上，開始重複一遍先前與小老闆討論過的話題。在這期間，小布店老闆的目光始終注視著那個信封袋，滿腹狐疑地不知道裡面到底是什麼。

最後，小布店老闆終於無法再忍受下去了，便開口問道：「年輕人，那個信封裡到底裝了什麼？」

克林頓將手伸進信封，取出了一塊大型的金屬牌。商會早已做好了這塊牌子，用於掛在每一個重要的十字路口上，以標示西哈佛商業區的範圍。

克林頓帶領他來到窗口說：「這塊牌子將掛在這個十字路口上，這樣一來客人就會知道，他們是在這個一流的西哈佛區內購物。這便是商會讓人們知道你在西哈佛區內的方法。」

一抹蒼白的笑容浮現在小布店老闆的臉上。

克林頓說：「好了，現在我已經結束了我的討價還價了，你也可以將支票簿拿出來結束我們這場交易了。」小布店老闆便在支票上寫下了商會會員的入會費。

透過這次經歷，克林頓瞭解到，做推銷拜訪時帶著道具，是一種吸引潛在顧客目光的有效方式。你可以想像，當某人帶著一個包裝精美的東西走進你的辦公室時，受訪人會如何反應呢？

許多時候，前來訪問的推銷員，常會忘了帶打火機，好在有的會客室中經常備有打火機，使場面不至於尷尬，假定這些人跑到沒有預備打火機的公司去拜訪，將會留給客戶一個什麼樣的印象呢？偶爾會出現這樣一些笑話：一位大熱天來訪的推銷員，因為忘了攜帶手帕，臉上出了大把汗也無法擦拭，有個女職員看不過去，就遞了手巾給他，使得這個推銷員慚愧得半天說不出話來。

Chapter 1

將任何產品賣給任何人

另外有個推銷員，當要告辭時嘴裡像蚊子叫似的不好意思地說：「對不起，是不是可以借我一點錢搭車回去？」一邊說著，一邊難為情地面紅耳赤……

這些推銷員好像頭腦的構造有點問題，讓人為雇用他們的老闆叫屈。甚至於有一些不見棺材不落淚的推銷員，連最重要的東西都忘了，譬如價格表、契約書、訂貨單、公司或自己的名片、貨品的說明書……

有些為商討圖樣而來的推銷員，甚至把圖樣都忘在公司裡；某些推銷員在成交的階段粗心大意地忘了帶訂貨單；又有的推銷員在前去說明並示範機器時，忘記攜帶樣本或說明書。這樣子無疑是不持武器而去跟一個裝備齊全的老兵交手，怎麼會有勝利的希望呢？

如果你是初次去訪問，也是同樣的道理，切不可以為是頭一次去，兩袖清風亦無妨，反而必須充分準備、確切檢視才好。

初次見面的人，不知道對方人品、談話習慣、要求是什麼，最好預先打一通電話溝通一下意見，約好了時間地點再去訪問。倘若在客戶向你徵求什麼事或物件時，你如此回答：「啊！對不起，今天沒帶來，這樣好了，我立刻給你送來好不好？」

那麼客戶也許就因為你準備不充分，以此作為拒絕的理由。

或許你辯稱：「對於普通的客戶，初次會面時，不至於談得這麼詳細。」那你就錯了。這句話的前提是「到昨天為止，我所碰到的客戶，都是……」但今天以及今後的客戶，你能擔保他們的情形和從前一樣嗎？

04 幫助顧客邁出第一步

一家特殊化學製造廠的超級推銷員，在與一位潛在顧客開始首次會議時，是這樣進行的：「先生，我們在這種情況的應用方面，有許多成功的經驗，而且在計算出實際金額後，總能帶給顧客很好的投資回報。要不，我們先參觀一下工廠，可以讓你們看看如何組裝產品。第二，我們取得你們產品的樣本；把它們拆開，並且重新組裝，看看有什麼方法可以降低組裝的成本。接下來，我們一起進行一個投資報酬率分析。然後，一起來計算我們所推薦的解決方案會替您的公司省多少錢；接著，再反過來算一下，如果不用我們所推薦的解決之道，會花您多少錢。

接下來，我們在您的工廠來測試一下我們的產品。如果這個產品成功，我們可以試做一批限量產品。

如果這個測試很成功，而且限量產品也達到了您要求的標準，我們再決定第一批全量生產的產品數量及交貨日期。」

當顧客同意「參觀工廠」後，等於顧客心理上已經開始接受你了。邁出關鍵的第一步，然後用良好的服務和優質的產品來吸引顧客直到最後成交，就很簡單了。

吉拉德說：「關於銷售氣味的重要性，我最後還要說一句。在二戰剛結束時，新車很少見，於是大批顧客只好買款式新一點的二手車。當時市場上有一種新產品，二手車經銷商都搶著買。這種新產品是一種液體，供人噴在款式新穎的二手車行李箱和車內地板上，它的氣味聞起來就像新車的味道。你知道這種氣味的價值，因為你肯定記得你第一次聞到它時的心情，所以絕不要忽視它。當你向人銷售產品時，要回憶你自己作為顧客的體驗，因為我們大家都有許多共同的體驗。如果氣味曾經令你激動，那它也會令其他的人激動。

不論你賣什麼，你的產品中都存在一種類似新車氣味的元素。要把你自己想像成一名顧客。」

05 找到顧客購買的誘因

曾經有位房地產推銷員，帶一對夫妻進入一座房子的院子時，太太發現這房子的後院有一顆非常漂亮的木棉樹，而推銷員注意到這位太太很興奮地告訴她的丈夫：「你看，院子裡這棵木棉樹真漂亮。」

當這對夫妻進入房子的客廳時，他們顯然對這間客廳陳舊的地板有些不太滿意，這時，推銷員就對他們說：「是啊，這間客廳的地板是有些陳舊，但你知道嗎？這幢房子的最大優點就是當你從這間客廳向窗外望去時，可以看到那棵非常漂亮的木棉樹。」

當這對夫妻走到廚房時，太太抱怨這間廚房的設備陳舊，而這個推銷員接著又說，「是啊，但是當妳做晚餐的時候，從廚房向窗外望去，就可以看到那棵木棉樹。」

當這對夫妻走到其他房間，不論他們如何指出這幢房子的任何缺點，這個推銷員都一直重複地說「是啊，這幢房子是有許多缺點。但您二位知道嗎？這房子有一個特點是其他房子所沒有的，那就是您從任何一間房間的窗戶向外望去，都可以看到那棵非常美麗的木棉樹」。

這個推銷員在整個推銷過程中，一直不斷地強調院子裡那棵美麗的木棉樹，他把這對夫妻所有的注意力都集中在那棵木棉樹上了，當然，這對夫妻最後還是花了好幾百萬買了那棵「木棉樹」。

在推銷過程中，我們所遇到的每一個客戶，心中都有一棵「木棉樹」。而最重要的工作就是在最短的時間內，找出那棵「木棉樹」，然後將所有的注意力放在推銷那棵「木棉樹」上，那麼客戶就自然而然地會減少許多抗拒。

在你接觸一個新客戶時，應該儘快找出那些不同的購買誘因當中，這位客戶最關心的那一點。

最簡單有效地找出客戶主要購買誘因的方法，是透過敏銳地觀察來提出有效的問題。另外一種方法也能有效地幫我們找出客戶的主要購買

誘因：就是詢問曾經購買過我們產品的老客戶，很誠懇地問他們：「先生／小姐，請問當初是什麼原因使您願意購買我們的產品？」當你將所有老客戶主要的幾項購買誘因找出來後，再加以分析，就能夠很容易地發現他們當初購買產品的那些最重要的利益點了。

如果你是一個推銷電腦財務軟體的推銷員，必須非常清楚地瞭解客戶為什麼會購買財務軟體，當客戶購買一套財務軟體時，他可能最在乎的並不是這套財務軟體能做出多麼漂亮的圖表，最主要的目的可能是希望能夠用最有效率和最簡單的方式，得到最精確的財務報告，進而節省更多的開支。

所以，當推銷員向客戶介紹軟體時，如果只把注意力放在解說這套財務軟體如何使用，介紹這套財務軟體能夠做出多麼漂亮的圖表，可能對客戶的影響並不大。如果你告訴客戶，只要花一萬元錢買這套財務軟體，可以讓他的公司每個月節省兩萬元錢的開支，或者增加兩萬元的利潤，他就會對這套財務軟體產生興趣。

06 及時領會客戶每一句話

華萊士是A公司的推銷員，A公司專門為高級公寓社區清潔游泳池，還包辦景觀工程。B公司的產業包括十二幢豪華公寓大廈，華萊士已經向他們的資深董事湯姆先生說明了B公司的服務專案。開始的介紹說明還算順利，緊接著，湯姆先生有意見了。

場景一：

湯姆：「我在其他地方看過你們的服務，花園很漂亮，維護得也很好，游泳池尤其乾淨；但是一年收費十萬元？太貴了吧！我付不起。」

華萊士：「是嗎？您所謂『太貴了』是什麼意思呢？」

湯姆：「說真的，我們很希望從年中，也就是六月一號起，你們負責清潔管理，但是公司下半年的費用通常比較拮据，半年的游泳池清潔

預算只有三萬八千元。」

華萊士：「嗯，原來如此，沒關係，這點我倒能幫上忙，如果您願意由我們服務，今年下半年的費用就三萬八千元；另外六萬二千元明年上半年再付，這樣就不會有問題了，您覺得呢？」

場景二：

湯姆：「我對你們的服務品質非常滿意，也很想由你們來承包；但是，十萬元太貴了，我實在沒辦法。」

華萊士：「謝謝您對我們的賞識。我想，我們的服務對你們公司的確很適用，您真的很想讓我們接手，對吧？」

湯姆：「沒錯。但是，我被授權的上限不能超過九萬元。」

華萊士：「要不我們把服務分為兩個專案，游泳池的清潔費用四萬五千元，花園管理費用五萬五千元，怎樣？這可以接受嗎？」

湯姆：「嗯，可以。」

華萊士：「很好，我們可以開始討論管理的內容……」

場景二：

湯姆：「我在其他地方看過你們的服務，花園弄得還算漂亮，維護修整上做得也很不錯，游泳池尤其乾淨；但是一年收費十萬元？太貴了吧！」

華萊士：「是嗎？您所謂『太貴了』是什麼意思？」

湯姆：「現在為我們服務的C公司一年只收八萬元，我找不出要多付兩萬元的理由。」

華萊士：「原來如此，但您滿意現在的服務嗎？」

湯姆：「不太滿意，以氯處理消毒，還勉強可以接受，花園就整理得不盡理想；我們的住戶老是抱怨游泳池裡有落葉；住戶花費了那麼多，他們可不喜歡住的地方被弄得亂七八糟！雖然給C公司提了很多遍了，可是仍然沒有改進，住戶還是三天兩頭打電話投訴。」

華萊士：「那您不擔心住戶會搬走嗎？」

湯姆：「當然擔心。」

華萊士：「你們一個月的租金大約是多少？」

湯姆：「一個月三千元。」

華萊士：「好，這麼說吧！住戶每年付您三萬六千元，您也知道好住戶不容易找。所以，只要能多留住一個好住戶，您多付兩萬元不是很值得嗎？」

湯姆：「沒錯，我懂你的意思。」

華萊士：「很好，這下子我們可以開始草擬合約了吧。什麼時候開始好呢？月中，還是下個月初？」

銷售過程中及時領會客戶的意思非常重要。只有及時領會了客戶的意思，推銷員才能及時做好準備，才能為下一步的順利進行創造條件。

07 攻心為上促成交

一位學者訪問香港時，香港中文大學的一位教授請他到酒店用餐。就座不久，菜和酒就送上來了。

「哎？」，學者驚奇地發現，送上來的這瓶裝飾精美的洋酒已開封並且只有半瓶，就問教授，教授笑而不答，只示意他看瓶頸上吊著的一張十分講究的小卡片，上面寫著：教授惠存。

教授見學者仍不解，遂起身拉他來到酒店入口處的精巧的玻璃櫥窗前，只見裡面陳列著各式的高級名酒，有大半瓶的，也有小半瓶的，瓶頸上掛著標有顧客姓名的小卡片。

「這裡保管的都是顧客上次喝剩的酒。」教授解釋道。

酒店怎麼還替顧客保管剩酒？回到座位上，教授道出了「保管剩酒」

的奧祕。原來這是香港酒店業新近推出的一個服務專案，它一面世就受到廣大酒店經營者的青睞，紛紛推出這項新業務。它的成功有很多原因。

有助於不斷開拓經營業務。酒店為顧客保管剩酒後，這些顧客再用餐時，就多半會選擇存有剩酒的酒店，而顧客喝完了剩酒之後，又會要新酒，於是又可能有剩酒需酒店代為保管，下次用餐就又會優先選擇該店……如此循環往復，不斷開拓酒店的生意，吸引顧客成為酒店的固定客戶。

有助於激發顧客的高級消費欲望。試想，稍有身份的顧客，肯定不願讓寫有自己名字的卡片吊在廉價劣質的酒瓶，曝光於眾目睽睽之下。於是，顧客挑選的酒越來越高級，有效地刺激了顧客的消費水準。

有助於提高酒店聲譽。試問，連顧客喝剩的酒都精心保管的酒店，服務水準會低嗎？經營作風難道還不誠實可靠嗎？

保存剩酒使顧客感受到賓至如歸的親切感，顧客光顧酒店的次數自然越來越多。

抓住人性，引誘顧客的銷售方式數不勝數，各有其妙。有獎銷售、附贈禮品、發送贈券、優惠券等，都是引誘推銷法的具體運用，唯一不變的是以「利」、以「情」引導顧客成為其忠實客戶。

某次，百貨公司的一個推銷經理向一訂貨商推銷一批貨物。在最後攤牌時，訂貨商說：「你開的價太高，這次就算了吧。」

推銷經理轉身要走時，忽然發現訂貨商腳上的靴子非常漂亮。推銷經理由衷讚美道：「您穿的這雙靴子真漂亮。」

訂貨商一愣，隨口說了「謝謝」，然後把自己的靴子誇耀了一番。這時，那個推銷經理反問道：「您為什麼買雙漂亮的靴子，卻不去買工作鞋呢？」

訂貨商大笑，最後雙方握手成交。

沒有賣不出去的商品，關鍵是看推銷員的推銷技巧的高低。分享客戶的得意之事，往往讓客戶有成就感，這樣更容易拉近彼此的距離，進而達成交易。

08 成交以後儘量避免客戶反悔

大廈清潔公司的推銷員劉先生，當一棟新蓋的大廈完成時，便跑去見該大廈的管理長或業務主任，想承攬所有的清潔工作，例如，各個房間地板的清掃、玻璃窗的清潔、公共設施、大廳、走廊、廁所等所有的清理工作。

當劉先生承攬到生意，辦好手續，從側門興奮地走出來時，一不小心，把消防用的水桶給踢翻，水潑了一地，有位事務員趕緊拿著拖把將地板上的水拖乾。這一幕正巧被管理組長看到，心裡很不舒服，就打通電話，將這次合約取消，理由是「像你這種年紀的人，還會做出這麼不小心的事，將來實際擔任本大廈清掃工作的人員，更不知會做出什麼樣的事來，既然你們的人員無法讓人放心，所以我認為還是解約的好。」

推銷員不要因為生意談成，高興得昏了頭，而做出把水桶踢翻之類的事，使得談成的生意又變泡影，煮熟的鴨子又飛了。

這種失敗的例子，也可能發生在保險業的推銷員身上，例如當保險推銷員向一位婦人推銷她丈夫的養老保險，只要說話稍不留神，就會使成功愉快的交易，變成怒目相視的拒絕往來。

「現在你跟我們訂了契約，相信你心裡也比較安心點了吧？」

「什麼！你這句話是什麼意思，你好像以為我是在等我丈夫的死期，好拿你們的保險金似的，你這句話太不禮貌了！」

於是洽談決裂，生意也做不成了。

吉拉德提醒大家，當生意快談攏或成交時，千萬要小心應付。所謂小心應付，並不是過分逼迫人家，只是在雙方談好生意，客戶心裡放鬆時，推銷員最好少說幾句話，以免攪亂客戶的情緒。

此刻最好先將攤在桌上的文件慢慢地收起來，不必再花時間與客戶閒聊，因為與客戶聊天時，有時也會使客戶改變心意，如果客戶說：「嗯！剛才我是同意了，現在我想再考慮一下。」那你所花費的時間和

精力，就白費了。

成交之後，推銷工作仍要繼續進行。推銷員的工作始於他們聽到異議或「不」之後，但他真正的工作則開始於他們聽到「可以」之後。

永遠也不要讓客戶感到推銷員只是為了傭金而工作。不要讓客戶感到推銷員一旦達到了自己的目的，就突然對客戶失去了興趣，轉頭忙其他的事去了。如果這樣，客戶就會有失落感，那麼他很可能會取消剛才的購買決定。

對有經驗的客戶來說，他會對一件產品發生興趣，但他們往往不是當時就買。推銷員的任務就是要創造一種需求或渴望，讓客戶參與進來，讓他感到興奮，在客戶情緒到達最高點時，與他成交。當客戶的情緒低落下來時，當他重新冷靜時，他往往會產生後悔之意。

很多客戶在付款時，都會產生後悔之意。不管是一次付清，還是分期付款，總要猶豫一陣才肯掏錢。一個好辦法就是，給客戶一張便條紙、一封信或一則簡訊，再次稱讚和感謝他們。

作為一名真正的專業推銷員，不會賣完東西就將客戶忘掉，而是定期與客戶保持聯繫，客戶會定期得到他提供的服務。而老客戶也會為你介紹更多的新客戶。

獵犬計劃是著名推銷員吉拉德在他的工作中總結出來的。主要觀點是：作為一名優秀的推銷員，在完成一筆交易後，要設法讓顧客幫助你尋找下一位顧客。

吉拉德認為，做推銷這一行，需要別人的幫助。吉拉德的很多生意都是由「獵犬」（那些會讓別人到他那裡買東西的顧客）幫助的結果。吉拉德的一句名言就是「買過我汽車的顧客都會幫我推銷」。

在生意成交之後，吉拉德總是把一疊名片和獵犬計劃的說明書交給顧客。說明書告訴顧客，如果他介紹別人來買車，成交之後，每輛車他會得到二十五美元的酬勞。

幾天之後，吉拉德會寄給顧客感謝卡和一疊名片，以後至少每年他會收到吉拉德的一封附有獵犬計劃的信件，提醒他吉拉德的承諾仍然有效。如果吉拉德發現顧客是一位領導人物，其他人會聽他的話，那麼，吉拉德會更加努力促成交易並設法讓其成為「獵犬」。

實施獵犬計劃的關鍵是守信用：一定要付給顧客二十五美元。吉拉德的原則是：寧可錯付五十個人，也不要漏掉一個該付的人。

一九七六年，獵犬計劃為吉拉德帶來了一百五十筆生意，約占總交易額的三分之一。吉拉德付出了一千四百美元的獵犬費用，賺到了七萬五千美元的傭金。

09 做好客戶訪問記錄

一九五二年，後來有著「世界首席推銷員」之稱的齊藤竹之助進入日本朝日生命保險公司，從事壽險工作。一九六五年，他創下了簽訂保險合約的世界記錄。他一生完成了近五千份保險合約，成為日本首席推銷員。他推銷的金額高達十二多億日元，作為亞洲代表，連續四年出席美國百萬圓桌會議，並被該會認定為百萬圓桌俱樂部終身會員。

那麼，齊藤竹之助是如何做到這一切的呢？

他說：「無論在什麼時候，我口袋裡都裝有記錄用紙和筆記本。在打電話、商談、聽演講或是讀書時，身邊備有記錄用紙，使用起來是很方便的。一邊打電話，一邊可以把對方重要的話記錄下來。商談時在紙上寫出具體事例和數字轉交給客戶看。」

齊藤竹之助在自己家中到處放置了記錄用紙，包括電視機前、床頭、廁所等地方，使自己無論在何時何處，只要腦海裡浮現出好主意、好計劃，就能立刻把它記下來。

吉拉德也指出，推銷人員訪問一個客戶，應記下他的姓名、地址、電話號碼等等，並整理成檔案，予以保存。同時對於自己工作中的優點與不足，也應該詳細地進行整理。

這樣每天持續下去，在以後的推銷過程中會避免許多令人難堪的場面。拿記住別人的姓名這一點來說，一般人對自己的名字比對其他人的名字要感興趣，但是推銷人員如果能記住客戶的名字，並且很輕易就叫出來，等於給予別人一個巧妙而有效的讚美。

這還能將你的思想集中起來，專一應用在商品交易上。這樣一來，那些不必要的煩惱就會從你大腦中消失。另外，這種記錄工作還可以幫助你提高推銷方面的專業知識水準。吉拉德在一次講座中講過下面這個案例。

傑克一直在向一位顧客推銷壓板機，並希望對方訂貨。然而顧客卻

無動於衷，他接二連三地向顧客介紹機器的各種優點。同時，他還向顧客提出：到目前為止，交貨期一直定為六個月；從明年一月份起，交貨期將設為十二個月。顧客告訴傑克，他自己無法馬上作決定；並告訴傑克，下個月再來見他。

到了一月份，傑克又去拜訪他的客戶，傑克把過去曾提過的交貨期忘得一乾二淨。當顧客再次向他詢問交貨期時，他仍說是六個月，在交貨期問題上顛三倒四。

忽然，傑克想起他在一本有關推銷的書上看到的一條妙計，在背水一戰的情況下，應在推銷的最後階段向顧客提供最優惠的價格條件，因為只有這樣才能促成交易。於是他向顧客建議，只要馬上訂貨，可以降價百分之十。而上次磋商時，他說過削價的最大限度為百分之五，顧客聽他現在又這麼一說，一氣之下終止了洽談，傑克無可奈何，只好掃興而歸。

從這個事例裡，我們能得出什麼樣的結論呢？如果傑克在第一次拜訪後有做了很好的訪問記錄；如果不是因為他在交貨期和削價等問題上

的顛三倒四；又如果他能在第二次拜訪之前，想一下上次拜訪的經過，做好準備，那麼第二次的洽談也許會有成功的機會，因為這樣可以減少一些不必要的麻煩。

客戶訪問記錄應該包括顧客特別感興趣的問題及顧客提出的反對意見。有了這些記錄，才能讓你的談話前後一致，更好地進行以後的拜訪工作。

推銷人員在推銷過程中一定要做好每天的客戶訪問記錄，特別是對那些已經有購買意向的客戶，更要有詳細的記錄，這樣當你再次拜訪客戶的時候，就不會發生與傑克同樣的情況了。

10 仔細研究顧客購買記錄

透過顧客購買記錄能為顧客提供更全面的服務，同時還可以加大顧客的購買力道，並提高推銷數量。

在這一方面，華登書店做得非常好，他們充分利用顧客購買紀錄來進行多種合作性推銷，取得了顯著效果。最簡單的方法是按照顧客興趣，寄發最新的相關書籍的書目。華登書店把書目按類別寄給曾經購買相關書籍的顧客，這類寄給個別讀者的書訊，實際上也相當於折價券。

這項推銷活動是否在鼓勵顧客大量購買以獲得折扣呢？只對了一半。除了鼓勵購買之外，這也是一項目標明確、精心設計的合作性推銷活動，引導顧客利用本身提供給書店的資訊，滿足其個人需要，找到自己感興趣的書。活動成功的關鍵在於邀請個別顧客積極參與，告訴書店自己感

興趣和最近開始感興趣的圖書類別。

華登書店還向會員收取小額的年費，並提供更多的服務，大部分顧客也都認為花這點錢成為會員是十分有利的。顧客為什麼願意加入呢？基本上，繳費加入「愛書人俱樂部」，就表示同意書店幫助買更多的書給自己，但顧客並不會將之視為敵對性的推銷，而是合作性的推銷。

無論如何，這裡要說明的是，任何推銷員如果要以明確的方式與個別顧客合作，最重要的就是取得顧客的回饋，以及有關顧客個人需求的一切資料。

擁有越多顧客的購買記錄，也就越容易創造和顧客合作的機會，進而為顧客提供滿意的服務。推銷員要養成記錄的習慣，把有用資料和靈光一現的想法及時記錄下來，經過長期累積就會發現這些記錄是一筆寶貴的財富。

11 任何時候都要留有餘地

吉拉德說，保留一定的成交餘地，也就是要保留一定的退讓餘地。

任何交易的達成都必須經歷一番討價還價，很少有一項交易是按賣主的最初報價成交的。尤其是在買方市場的情況下，幾乎所有的交易都是在賣方作出適當讓步之後拍板成交的。因此，推銷員在成交之前，如果把所有的優惠條件都一股腦地端給顧客，當顧客要你再做些讓步才同意成交時，你就沒有退讓的餘地了。所以，為了有效地促成交易，推銷員一定要保留適當的退讓餘地。

有時進行到了這一步，當電話銷售人員要求客戶下定單的時候，客戶可能還會有另外沒有解決的問題提出來，也可能他有顧慮。想一想，我們前面更多地探討的是如何滿足客戶的需求，但現在，需要客戶真正

做決定了，他會面臨決策的壓力，他會更好地詢問與企業有關的其他顧慮。如果客戶最後沒做決定，在銷售人員結束電話前，千萬不要忘了向客戶表達真誠的感謝：

「陳經理，十分感謝您對我工作的支持，我會與您隨時保持聯繫，以確保您愉快地使用我們的產品。如果您有什麼問題，請隨時與我聯繫，謝謝！」

同時，推銷員可以透過說這樣的話來促進成交：

「為了使您儘快拿到貨，我今天就幫您下定單可以嗎？」

「您在報價單上簽字、蓋章後，傳真給我就可以了」。

「陳經理，您希望我們的工程師什麼時候為您上門安裝？」

「陳經理，還有什麼問題需要我再為您解釋呢？如果這樣，您希望這批貨什麼時候到您公司呢？」

「陳經理，假如您想進一步商談的話，您希望我們在什麼時候可以確定？」

「當貨到了您公司以後，您需要上門安裝及培訓嗎？」

「為了今天能將這件事確定下來，您認為我還需要為您做什麼事情？」

「所有事情都已經解決，剩下來的，就是得到您的同意了（保持沉默）」。

「從ABC公司來講，今天就是下定單的最佳時機，您看怎麼樣（保持沉默）？」

一旦銷售人員在電話中與客戶達成了協定，需要進一步確認報價單、送貨位址和送貨時間是否準確無誤，以免出現不必要的誤會。

推銷時留有餘地能很容易地誘導顧客主動成交。

誘導顧客主動成交，即設法使顧客主動採取購買行動。這是成交的一項基本策略。一般而言，如果顧客主動提出購買，說明推銷員的說服工作十分奏效，也意味著顧客對產品及交易條件十分滿意，以致顧客認為沒有必要再討價還價，因此成交非常順利。所以，在推銷過程中，推銷員應盡可能誘導顧客主動購買產品，這樣可以減少成交的阻力。

推銷員要努力使顧客覺得成交是他自己的主意，而非別人強迫。通

常，人們都喜歡按照自己的意願行事。由於自我意識的作用，對於別人的意見總會下意識地產生一種「排斥」心理，儘管別人的意見很對，也不樂意接受，即使接受了，心裡也會感到不暢快。因此，推銷員在說服顧客採取購買行動時，一定要讓顧客覺得這個決定是他自己的主意。這樣，在成交的時候，他的心情就會十分舒暢而又輕鬆，甚至為自己做了一筆合算的買賣而自豪。

不要為了讓你的客戶一時做出購買的決定，而對他們做出你根本無法達到的承諾。因為這種做法最後只會讓你失去你的客戶，讓客戶對你失去信心，那是絕對得不償失的。

許多推銷員在成交的最後過程中，為了能使客戶儘快地簽單或購買產品，而無論客戶提出什麼樣的要求他們都先答應下來，而到最後當這些承諾無法被滿足的時候，絕大多數客戶會抱怨和不滿，甚至會取消他們當初的訂單。而且，當這種事情發生時，我們所損失的不只是這個客戶，還有這個客戶以及他周邊所有的潛在客戶資源。

12 與客戶取得交流和溝通

原一平說過，商業活動最重要的是人與人之間的關係，如果沒有交流和溝通，人家就不會認為你是個「誠實的、可信賴的人」，那麼許多生意是無法做成的。

上門推銷第一件事是要能進門。門都不讓你進，怎麼能推銷商品呢？要進門，就不能正面進攻，得使用技巧，轉轉彎。一般被推銷者心理上有一道「防衛屏障」，如果將你的目的直接地說出來，你只得吃「閉門羹」。

要推銷商品，進門以後就要進行「交流和溝通」，即進行對話。交流和溝通能使顧客覺得你是一位「誠實的、可以信賴的人」，這時，推銷就「水到渠成」了。

Chapter 1

將任何產品賣給任何人

原一平有次去拜訪一家酒店的老闆。

「先生，你好！」

「你是誰呀！」

「我是明治保險公司的原一平，今天我剛到貴地，有幾件事想請教您這位遠近出名的老闆。」

「什麼？遠近出名的老闆？」

「是啊，根據我調查的結果，大家都說這個問題最好請教你。」

「哦！大家都在說我啊！真不敢當，到底什麼問題呢？」

「實不相瞞，是……」

「站著談不方便，請進來吧！」

就這樣原一平輕而易舉地過了第一關，取得了客戶的信任和好感。

讚美幾乎是百試不爽，沒有人會因此而拒絕你的。

原一平認為，這種以讚美對方開始訪談的方法尤其適用於商鋪店面。

那麼，究竟要請教什麼問題呢？

一般可以請教商品的優劣、市場現狀、製造方法等等。

對於酒店老闆而言，有人誠懇求教，大都會熱心接待，會樂意告訴你他的生意經和成長史。而這些寶貴的經驗，也正是推銷員需要學習的。既可以拉近彼此的關係，又可以提升自己，何樂而不為呢？

推銷被拒絕對推銷人員來說，就像是家常便飯一樣普通，問題在於你如何對待。推銷成功的推銷人員，把拒絕視為正常，極不在乎，心平氣和，不管遭到怎樣不客氣的拒絕，都能保持彬彬有禮的姿態，感覺輕鬆。事實上，許多推銷人員都有一個通病，就是剛開始的時候，盡往好處想，滿懷熱望。但事實卻南轅北轍，一遭拒絕，心裡就難以承受打擊。因此推銷前要仔細研究客戶的拒絕方式，人家不買，你依然要推銷，拒絕沒什麼。

如果抱著觀察研究的態度，一旦遭到拒絕，你就會想到：嗯，還有這種拒絕方式？好吧，下次我就這麼應付。這樣，你就能坦然地面對拒絕，成功率會越來越高。沒遭到拒絕的推銷只能在夢中，只有那些渴望坐享其成的人，才能夠編織出這樣的美夢來。

推銷人員就是要應付拒絕，全心全意去應付拒絕才是長久不敗的生

財之道。做任何事都不會沒有困難，生活就是這樣，在你得到收益之前，總要給你一些考驗。上帝不會賜福給坐著祈禱的人，英明的上帝雖給我們提供了魚，但你也得先去織漁網。

對於新推銷人員來說，就是要咬緊牙關，忍受奚落、言語不合、不理睬、對方盛氣凌人等痛苦，要學會忍受，就把它當作磨練自己意志的機會吧。原一平的成功之路也是從這裡走過來的。

賀成交！
超級業務金牌手冊

CHAPTER 2 要成功推銷需養成的好習慣

01 誰都無法拒絕微笑的人

有人拿著一千元的東西，卻連開價一百元都賣不掉，為什麼？看看他的表情，要推銷出去，自己臉部表情很重要；它可以拒人於千里之外，也可以使陌生人立即成為朋友。

和客戶第一次接觸時，臉上有燦爛的笑容往往能讓客戶放鬆對推銷員的戒備。沒有幾個人會拒絕笑臉迎人的推銷員，相反的，人們很容易拒絕那些滿臉嚴肅、顯得太過專業的推銷員。

在處理客戶異議的時候，臉上同樣要掛著笑容。因為此刻的笑容代表推銷員的自信，自信有能力圓滿地解決問題，自信能夠讓客戶滿意。

當對顧客要求表示拒絕時，臉上同樣要有笑容。此刻的笑容表示推銷員很認同客戶的觀點，但是確實無能為力，還希望客戶能夠體諒。

當達成交易與客戶道別時，臉上還是要有笑容。此刻的笑容表示，推銷員十分感謝客戶的購買，對商談的結果十分滿意。

當未達成交易和客戶道別時，臉上依然要有笑容。此刻的笑容表示雖然對於沒有達成交易，推銷員有些遺憾，但是買賣不成交情在，以後肯定還有合作的機會。

有些推銷員在推銷的過程中，容易受到情緒的控制。當客戶對成交要求表示不滿，提出新的要求時，他們容易顯示出失落的表情。這種表情如果被客戶捕捉到，極容易被利用來控制推銷員。在這樣的時刻，不妨臉上掛著笑容，微笑地對客戶表達「不」。當然不能直截了當地拒絕客戶的要求，可以說「我認為……會比較好……」之類的話。

人是很容易被感動的，而感動人未必都靠慷慨的施捨，巨大的投入。一個熱情的問候，溫馨的微笑，也足以在人的心中灑下一片陽光。

威廉是推銷壽險的頂尖高手，年收入高達百萬美元。他成功的祕訣就在於擁有一張令客戶無法抗拒的笑臉。但那張迷人的笑臉並不是天生的，而是長期苦練出來的。

威廉原來是家喻戶曉的職棒明星球員，到了四十幾歲因體力衰退被迫退休，才去應徵保險公司的推銷員。他自以為憑著他的知名度應該被錄取，沒想到竟被拒絕。

人事經理對他說：「保險公司推銷員必須有一張迷人的笑臉，但你卻沒有。」聽了經理的話，威廉並沒有氣餒，立志苦練笑臉，他每天在家放聲大笑上百次，鄰居都以為他因失業而發神經了。為避免它人誤解，他乾脆躲在廁所大笑。經過一段時間練習，他去見經理，但經理說還是不行。

威廉沒有洩氣，繼續苦練，他搜集了許多公眾人物迷人的笑臉照片，貼滿屋子，以便隨時觀摩。他還買了一面與身體同高的大鏡子擺在廁所裡，只為了每天進去大笑三次。

隔了一陣子，他又去見經理，經理冷冷地說：「好一點了，不過還是不夠吸引人。」威廉不認輸，回去加緊練習。

有天他散步時碰到社區管理員，很自然地笑了笑，跟管理員打招呼，管理員說：「威廉先生，您看起來跟過去不太一樣了。」

這話使他信心大增，立刻又跑去見經理，經理對他說：「是有點意思了，不過仍然不是發自內心的笑。」

威廉仍不死心，又回去苦練了一陣，終於悟出「發自內心如嬰兒般天真無邪的笑容最迷人」，並且練成了那張價值百萬美元的笑臉。

笑可以增加你的面值。吉拉德這樣解釋他富有感染力並為他帶來財富的笑容：皺眉只需要九塊肌肉，而微笑不僅用嘴、眼睛，還要用手臂、用整個身體。

02

不笑不開店，和氣能生財

有句俗語說「不笑不開店」。意思是做生意的人要經常面帶笑容，這樣才會討人喜歡，容易招徠顧客。

一個人親切、溫和、洋溢著笑意，遠比他穿著一套高檔、華麗的衣服更引人注意，也更容易受人歡迎。因為微笑是一種寬容、一種接納，它縮短了彼此的距離，使人與人之間心心相通。喜歡微笑面對他人的人，往往更容易走入對方的天地。難怪學者們強調：「微笑是成功者的先鋒。」

有微笑面孔的人，就會有希望。因為一個人的笑容就是他傳遞友好的媒介，而笑容可以照亮所有看到它的人。沒有人喜歡幫助那些老是皺著眉頭、愁容滿面的人，更談不上信任他們。

要成功推銷需養成的好習慣

很多人在社會上站穩腳步就是從微笑開始的，很多人在社會上獲得了極好的人緣是從微笑開始的，而很多人在事業上暢行無阻也是透過微笑獲得的。微笑是十分奇妙的，它能在生活中盪漾一層層漣漪，把生活的湖泊變成一種源自於生命深處的美好。

任何人都希望自己能讓別人留下好感，這種好感可以創造出一種輕鬆愉快的氣氛，可以使彼此結成友善的聯繫。個人在社會上就是要靠這種愉快的聯繫才能立足的，而微笑正是打開愉快之門的金鑰匙。

卡耐基鼓勵學員花一星期的時間，訓練無時無刻都對別人微笑，然後再回到講習班上來，談談所得的結果。情況如何呢？看看威廉斯坦哈寫來的一封信，他是紐約證券股票市場的一員。

斯坦哈在信上說：「結婚十八年了，這段期間，從早上起床到上班的時候，我很少對我妻子微笑，或對她說上幾句話，我是百老匯最悶悶不樂的人。」

「既然你要我以微笑取得的經驗發表一段談話，我就決定試一個星期。因此，第二天早上梳洗的時候，我看著鏡中的自己說：『今天要把臉上的愁容一掃而光。要微笑起來，現在就開始微笑。』

當我坐下來吃早餐的時候，我用『早安，親愛的』跟妻子打招呼，同時對她微笑。」

「你曾說她可能會大吃一驚，你低估了她的反應。她簡直被搞糊塗了，驚異萬分。我對她說，妳以後會習慣我這種態度的。現在已經兩個月了，這兩個月來，我們得到的幸福比以往任何時候都多。」

「現在我上班的時候，會對大樓的電梯管理員微笑地說『早安』；我也微笑著和大樓門口的警衛打招呼；當跟地鐵的出納小姐換零錢的時候，我微笑著；當站在交易所時，我會對那些從未見過我微笑的人微笑。」

「很快地我發現，每一個人也對我報以微笑。我以一種愉悅的態度對待那些滿腹牢騷的人。一面聽著他們的牢騷，一面微笑，於是問題很容易就解決了。我發現微笑帶給我更多好處，每天都帶來更多的收入。」

請細讀艾勒哈巴德這段忠告——但記住，細讀無濟於事，除非你把它應用起來：

「每當你出門的時候，應該縮起下巴，把頭抬得高高的，讓肺部充滿空氣；沐浴在陽光中，用微笑來招呼朋友們，每次握手都使出力量。不要擔心被誤解，不要浪費一分鐘去想你的敵人。

試著在心裡肯定你喜歡做的事，然後在明確的方向之下，你會筆直地去實現目標。心裡想著你喜歡做的那些有意義的事情，當歲月消逝的時候，你會發現，自己無意識地掌握了實現希望所需要的機會，正像珊瑚蟲從海水汲取所需的物質一樣。

在心中想像著那個你希望成為的誠實的、智慧的、能幹的人，這種想法，會使你每時每刻都在向那個理想的人轉化……思想是至高無上的。保持一種正確的人生觀——勇敢、坦白和愉快。

思想正確就等於創造。一切事物來自希望；而每一個誠摯的祈禱，都會實現。我們心裡想什麼，就會變成什麼。把下巴縮起來，把頭部高高昂起，我們是明天的上帝。」有一句格言，我們應該記住並把它寫在帽子上，那就是「和氣生財」。

03 替顧客帶上「高帽子」

我和船上的外科大夫，在輪船抵達直布羅陀後，上岸去附近的小百貨店購買當地出產的精美羊皮手套。

店裡有位漂亮的小姐，遞給我一副藍手套。我不要藍的。她卻說，像我這種手戴上藍手套才好看呢。這一說，我就動了心，偷偷地看了一下手，也不知怎麼的，看起來果真相當好看。我想將左手的手套戴上試試，臉上有點難為情，一看就知道尺寸太小，戴不上。

「啊，剛剛好！」她說道。

我聽了頓時心花怒放，其實心裡明知道根本不是這麼回事，我用力一拉，真叫人掃興，竟沒戴上。

「喲！您一定是戴慣了羊皮手套！」她微笑著說，「不像有些先生戴這種手套時笨手笨腳的。」

我萬萬沒料到竟有這麼一句恭維的話，只好繼續去戴好手套。我再一使勁，不料手套卻從拇指根部一直裂開到手掌心去了。我拼命想遮掩裂縫，她卻一味大肆誇讚，我的心一橫，索性撐到底，不能辜負她的恭維。

「喲，您真有經驗（手背上開口了）。這副手套正合適您——手真細巧——萬一繃壞，您可以不必付錢（這時從橫裡綻開了）。我一向看得出哪位先生戴得來（這副手套毀了，指節那兒的羊皮也裂開了，一副手套變成叫人看了會很傷心的一堆破爛）。」

我頭上被戴上了七、八頂高帽子，非常不好意思，不敢把手套放回小姐的手裡去。渾身熱辣辣的，又是好氣，又是狼狽，雖然戴上美女的高帽後心裡還是很高興，恨只恨那位仁兄居然興致勃勃地看我出洋相。心裡有說不出的害臊，我嘴上卻說：「這副手套真好，恰恰合手。我喜歡合手的手套。不，不要緊，小姐，不要緊，還有一隻手套，我到街上去戴，店裡頭真熱。」

店裡真熱，我從沒有到過這麼熱的地方。我付了錢，好不瀟灑地鞠了個躬，走出店門。我有苦難言地戴著這堆破爛，走過這條街，然後，將那丟人現眼的羊皮手套扔進了垃圾桶。

這個故事出自美國著名作家馬克吐溫的《傻子出國記》。作家以第一人稱的手法，詼諧、誇張而又淋漓盡致地，描述了推銷中心理力量的精彩一幕。

這位小百貨店的美麗小姐，為了說服顧客買她的羊皮手套，恰到好處地利用人們心理和情感存在的弱點，拋出一頂頂「高帽子」，讓顧客在洋洋得意中，自行跨入她設置的陷阱。

而這位愛面子、好虛榮、重尊嚴的顧客，在被灌了一肚子迷湯後，在心裡「害臊」和表面上「開開心心」的矛盾下，只好戴著這個「丟人現眼」的破爛羊皮手套走人。在這邊，漂亮的店員小姐緊緊抓住顧客人性弱點步步進攻，導致顧客無法做出最好的選擇而臣服在她的推銷下。

人都有虛榮心，都喜歡聽恭維的話。在推銷過程中，適當的給顧客戴頂高帽子，顧客在陶醉中很容易就購買你的東西了。

大多數人都喜歡聽好聽話，喜歡被人讚美，有時候明明知道這些讚

美之辭都是言不由衷的，但仍喜歡聽，因為人是虛偽的動物。在推銷中，如果能適當地恭維顧客，給他幾頂高帽子戴戴，一旦他飄飄然，那你的推銷就一定會成功。

04

重視給人的第一印象

西方有句諺語：「你沒有第二機會留下美好的第一印象。」

八月份一個炎熱的上午，一位推銷鋼材的專業推銷人員走進了某家製造企業的總經理辦公室。這個推銷人員身上穿著一件舊襯衫和一條皺巴巴的褲子，他嘴裡叼著雪茄，含糊不清地說：「早安，先生。我代表阿爾巴尼鋼鐵公司。」

「你什麼？」這位可能的客戶問，「你代表阿爾巴尼公司？聽著，年輕人。我認識阿爾巴尼公司的幾個主管，你並不能代表他們！」

愛默生曾經說：「你說得太大聲了，以至於我根本聽不見你在說什麼。」換句話說，你的外表、聲音和話語、風度、態度和舉止所傳達的印象，有助於客戶在心目中勾勒出一幅反映你本質性格的畫面。

當你出現在客戶面前時，他們看到的是一個什麼類型的人呢？客戶在剎那間捕捉了一系列你的圖像或快照，然後將其中最重要的一些儲存進自己的意識中。

有些人認為，在面談的頭十秒鐘內就決定了它會完成還是破裂。可能真是這樣，我們確實會根據與一個人見面的頭幾秒鐘內所得到的印象，快速做出對他的判斷。如果這些判斷是不利的，那麼，所有的銷售都不得不先克服這位推銷人員在客戶心中留下的糟糕印象。另一方面，有利的第一印象肯定有助於銷售，而且也不需要硬著頭皮、費力地抗爭客戶心中對你形成的不利印象。

內布拉斯加州一位經驗豐富的經理說：「有天一個人來拜訪我。他穿得就像著名的戲劇《上午之後》中的一個角色。他開始做一個好得非比尋常的銷售推薦，但我老是失神。我看著他的鞋子、他的褲子，然後再把目光掃過他的襯衫和領帶。大部分時間我都在想，如果這位專業推銷人員說的都是真的，那他為什麼穿得如此落魄呢？

「他告訴我他手中有很多訂單，他有許多客戶，他們也購買了大量的這種產品。但他的個人外表致命地顯示他說的話不是真的。我最後沒有購買，因為我對他的陳述沒有信心。」

專業推銷人員必須給客戶創造出一種好印象。必須有成功的外觀、成功的談吐和成功的姿態。這些都是具有大意義的小細節——它們都有助於銷售面談成功地進行下去。

第一印象是非常重要的，一定要注意保持良好的第一印象，因為你不可能有第二次機會了。客戶對你的第一印象是依據外表——你的眼神、臉部表情等等。你可以認為外表就是一種表面語言，正如聲音所表達的一樣。

一個人的外貌對於他本身有影響，穿著得體就會給人良好的印象，它等於在告訴大家：「這是一個重要的人物，聰明、成功、可靠。大家可以尊敬、仰慕、信賴他。他自重，我們也尊重他。」

只有在對方認同你並接受你的時候，你才能順利進入對方的世界，遊刃有餘地與對方交往，進而把自己的事情辦成與辦好，而這一切的獲得很大程度上與你的外在打扮有關。

要成功推銷需養成的好習慣

大部份給對方留下了好印象的人都善於交際，善於合作。而一個人的儀表是給對方留下好印象的基本要素之一。試想，一個衣冠不整、邋遢遢的人和一個裝束典雅、整潔俐落的人在其他條件差不多的情況下，去辦同樣份量的事，前者很可能受到冷落，而後者更容易得到善待。特別是到陌生的地方辦事，怎樣給別人留下美好的第一印象更為重要。

世上早有「人靠衣裝馬靠鞍」之說，一個人若有一套好衣服搭配，彷彿把自己的身價提高了一個層次，而且在心理上和氣氛上增強了自己的信心。聰明的人切莫怪世人「以貌取人」，人皆有眼，衣貌出眾者，誰不另眼相看呢？

著裝藝術不僅給人以好感，同時還直接反映出一個人的修養、氣質與情操，它往往能在別人尚未認識你或你的才華之前，向別人透露出你是何種人物，因此在這方面稍微下點功夫，就會事半功倍。

衣冠不整，蓬頭垢面讓人聯想到失敗者的形象。而良好的修飾和宜人的體味，能使你的形象大大提高。有些人從沒真正養成過良好的自我保養習慣，這可能是不修邊幅的學生時代留下的後遺症，或是父母的示範不好，或者他們對自己的重視不夠所造成的。這些人往往「三天打魚，兩天曬網」，只要基本上還算乾淨，能走得出去便可以了。

如果你注重自己的形象，良好的修飾習慣很快就能形成。如果你天生一張鬍子臉，那也沒有辦法，但至少你要給人一種能打點好自己的印象。牙齒、皮膚、頭髮、指甲的狀況和你的儀態都一一表明你的自尊程度。

別人對你的第一印象，往往是從服飾和儀表上得來的，因為衣著往往可以表現一個人的身份和個性。畢竟，要對方瞭解你的內在美，需要長久的過程，只有儀表能一目了然。

05 傾聽也要講究技巧

在美國，曾有科學家對同一批受過訓練的保險推銷員進行過研究。因為這批推銷員接受同樣培訓，業績卻差異很大。科學家取其中業績最好的十％和最差的十％作對照，研究他們每次推銷時開口講多長時間的話。

研究結果很有意思：業績最差的那一部分，每次推銷時說的話累計為三十分鐘；業績最好的十％，每次累計只有十二分鐘。

大家想，為什麼只說十二分鐘的推銷員業績反而較高呢？

很顯然，他說得少，聽得多。聽得多，對顧客的各種情況、疑惑、內心想法自然瞭解的多，他會採取相應措施去解決問題，結果業績當然優秀。

著名推銷員吉拉德說過：「上帝為何給我們兩個耳朵一張嘴？我想，意思就是讓我們多聽少說！傾聽，你傾聽得越久，對方就會越接近你。」

這個世界過於焦躁，每個人再也沒耐心聽別人說些什麼，所有的人都在等著說。再也沒有比擁有一個忠實的聽眾更令人愉快的事情了。

推銷員傾聽時應該注意技巧。通常推銷員與客戶談話時最容易犯的毛病，就是只擺出傾聽客戶的樣子，內心卻等待機會把自己想說的話說完。這種溝通方式效果相當差，因為推銷員聽不出客戶的意圖，聽不出客戶的期望，其推銷自然也就沒有目標。培養傾聽的技巧有以下幾種方法：

一、培養積極的傾聽態度

站在客戶的立場考慮問題，瞭解客戶的需求和目標。推銷員有時候應該反問一下自己，既然客戶都有耐心傾聽我對產品的介紹，我為什麼沒有耐心傾聽客戶對需求的陳述呢？將客戶的陳述當作是一次市場調查也是相當不錯的主意。

二、保持寬廣的胸懷

不要按照自己想要聽到的內容來做出判斷，對客戶的陳述不要極力反駁，以免影響溝通的正常進行。

三、讓客戶把話說完

不要打斷客戶的談話，客戶也沒有時間整天對你這樣說下去，他的傾訴也是有限度的，推銷員應該讓客戶把話說完，讓他把自己的需求說清楚，這樣推銷員才能夠依照客戶的表述來決定自己該說什麼和怎麼說、該做什麼和怎麼做。

四、不要抵制客戶的話

即使客戶對推銷員採取批評的態度，也應該請客戶把話說完，以便找到可以解釋的地方。抵制客戶的話往往會導致客戶對你的話也採取抵制態度。

五、站在客戶的立場上想問題

客戶的訴說是有理由的，他不會平白無故也不會不著邊際，關鍵問題就是推銷員如何理解客戶的訴說。推銷員應該從客戶的訴說中找到客戶的隱情，以便採取針對性的推銷。

此外，聆聽客戶講話，必須做到耳到、眼到、心到，同時還要輔之以一定的行為和態度。我們將傾聽技巧歸納如下：

一、是身子稍稍前傾，單獨聽客戶的談話，這樣是對客戶的尊重。

二、是不要中途打斷客戶，讓他把話說完。打斷客戶的談話是不禮貌的行為。

三、是注視客戶的目光，不要東張西望。

四、是臉部要保持很自然的微笑，適時地點頭，表示對客戶談話的認可。

五、是適時而又恰當地提出問題，以配合對方的語氣來表達自己的意見。

六、是可以透過巧妙地應答，將客戶的談話引向所需要的話題。

請時刻記住，傾聽也是一門藝術，並不是人人都能做到、做好。怎樣學會傾聽，請記住吉拉德歸納的十二條傾聽法則：

⬇把嘴巴閉起來，以保持耳朵的清明。

⬇用你所有的感官來傾聽。別只聽一半，要瞭解完整的內容。

- 用你的眼睛傾聽，目光持續地接觸，這樣能顯出你聽進每一個字。
- 用你的身體傾聽。運用肢體語言來感受，可傾身向前，臉上保持全神貫注的神情，表示對他講話的專注。
- 當一面鏡子。別人微笑時，你也微笑；他皺眉時，你也皺眉；他點頭時，你也點頭。
- 不要打岔，以免引起別人的煩躁和不快。
- 避免外界的干擾。必要時請祕書暫時不要把電話接進來。
- 避免分心。把電視、音響設備關掉，沒有什麼聲音比你正傾聽的那個人的聲音更重要。
- 避免視覺上的分神。不要讓一些景象干擾你的眼睛。
- 集中精神。隨時注意別人，不要做其他分散精力的事，如看表、摳指甲、伸懶腰等。
- 傾聽弦外之音。常常沒有說出來的比說出來的更重要。要注意對方語調、手勢的變化。
- 別做光說不練的人，把仔細傾聽當作你的行動之一。

06 重視客戶的抱怨

客戶與企業間是一種平等的交易關係，在雙方獲利的同時，企業還應尊重客戶，認真對待客戶提出的各種意見及抱怨，並真正地重視，才能得到有效改進。在客戶抱怨時，認真坐下來傾聽，扮好聽眾的角色，有必要的話，甚至拿出筆記本將要求記下來，務必要讓客戶覺得自己得到重視。

當然僅僅聽是不夠的，還應及時調查客戶的反映是否屬實，迅速將解決方法及結果回饋給客戶，並持續追蹤與監督改善的品質。

客戶意見是企業創新的泉源，很多企業要求管理人員去聆聽客服中心的電話交流或客戶回饋的資訊。經由聆聽，我們可以得到有效的資訊，並可據此進行創新，促進企業更好地發展，為客戶創造更多的經營價值。

當然，還需要求企業的管理人員能正確識別客戶的要求，正確地傳達給產品設計者，以最快的速度生產出最符合客戶要求的產品，滿足客戶的需求。

在一次進貨時，某傢俱廠的客戶向其經理抱怨，由於沙發的體積相對較大，而倉庫的門小，搬進搬出的很不方便，還往往會在沙發上留下刮痕，客戶會有意見，不好賣。要是沙發可以拆卸，也就不存在這種問題了。

兩個月後，可以拆卸的沙發運到了客戶的倉庫裡。不僅節省了庫存空間，而且給客戶帶來了方便。而這個創意正是從客戶的抱怨中得到的。

國慶期間，有客戶申請安裝電話，一切都按他的要求進行安裝，可不知哪個環節使這位客戶不滿意。在重新安裝時，他又有抱怨，而且說了好幾句難聽的話。

在場的裝機維護中心主任一言不發，靜靜地看著那位客戶，不氣不惱，樣子很像認真聆聽的小學生。足足半小時，客戶累了，終於停下來，看著不動聲色的主任，開始為自己的舉動內疚。

他對主任說：「不好意思，我脾氣不好。被我這樣鬧，你還不在意。」

主任說；「沒關係，這些都是你的真實想法，我們會虛心接受的。」

事情過去後，出人意料的，這位客戶又慫恿朋友來申請安裝另一部電話。現在主任和他還成了好友。

所以當你與客戶發生意見分歧時，不妨耐心聆聽客戶的意見和抱怨，不要害怕自己會失去面子，有時候失去面子往往能贏得裡子，贏得尊重，最終贏得客戶，贏得生意。

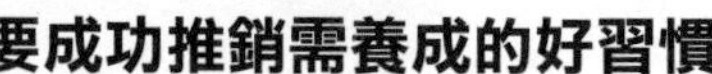

07 以讚揚代替批評

把你的掌聲和鼓勵看準時機送給那些喜歡它的人，他們受到激勵的同時也會更加努力地對你，你也將可以得到更多的回饋。

真誠的讚揚可以收到效果，而批評和恥笑卻會把事情弄的更糟。

這一點在孩子身上表現得最明顯。當孩子做錯事時，父母如果一味地批評指責，就會使孩子承受長期的心理責罰，會給兒童帶來壓制、苦惱、反抗的情緒，不利於他們行為向好的方面轉變。對於個別孩子來說，甚至會影響他的一生。

吉姆是一個非常有責任心的父親，他希望自己的兒子約翰認真讀書，將來可以成為一個有用的人。因此，從約翰小學二年級開始，吉姆就開始對約翰提出嚴格的要求。

他為約翰訂了幾條規則：禁止他隨便與街上的孩子們一起閒逛，無所事事；不允許任何一門考試低於平均值；不允許看卡通節目；不允許玩電子遊戲等等。

約翰只要偶爾違背這些規則，就會遭到嚴厲的斥責。可是，到了三年級時，約翰的成績卻已經連「及格」都難以維持了。他似乎故意與父親作對似的，偷偷地跑出去找孩子們玩耍。而且，他專門找那些被家長們視作無可救藥的「壞」孩子，因為他感覺到自己與他們一樣：在父母的眼裡，是那種只會犯錯的孩子。

吉姆非常困惑，在與鄰居們談話時不斷訴說自己的煩惱，可是，在他生活的那個小鎮上，沒有人可以幫他指出錯誤。吉姆依舊採用自己認為正確的方法，對約翰實施更嚴格的管教。結果，約翰在一次鬥毆事件發生後，被帶進了青少年感化院。

可憐的吉姆始終也不明白，為什麼自己花費了那麼多的心血，到頭來卻落得如此結局。

用讚揚來代替批評，是著名的心理學家史金納心理學的基本內容，史金納經由動物實驗證明：由於表現好而受到獎賞的動物，牠在被訓練時進步最快，耐力也更持久；由於表現不好而受處罰的動物，那麼牠們的速度或持久力都比較差。

研究結果顯示，這個原則同樣適用於人。我們用批評的方式並不能改變他人，常會適得其反。

漢斯希爾也是一位著名的心理學家，他說：「太多的證據顯示，人普遍地不喜歡受人指責。」因批評而引起的憤恨，常常使人的情緒低落，對應該改進的狀況，一點也起不了作用。

歷史全是由這些誇讚的真正魅力，來做令人心動的註腳。例如：

許多年前，一個十歲的男孩在拿坡里的一家工廠做工。他一直想當一個歌星，但他的第一位老師卻讓他洩氣。

他說：「你不能唱歌，你根本五音不全，簡直就像風在吹百葉窗一樣。」

但是他媽媽，一位窮苦的農婦，用手摟著他並稱讚說，她知道他能唱，她認為他有些進步了，她節省下每分錢，好讓他去上音樂課。

這位母親的嘉許，改變了這個孩子的一生，他的名字叫恩瑞哥卡羅素，他成了那個時代最偉大的歌劇演唱家。

在十九世紀初期，倫敦有位年輕人想當一名作家，可是他好像做什麼事都不順利。除了幾乎有四年的時間沒有上學外，父親也因無法償還債務而鋃鐺入獄。這位年輕人時常受饑餓之苦，最後找到一個工作，在一個老鼠橫行的貨倉裡貼鞋油的標籤，晚上則在一間陰森的房子裡，和另外兩個從倫敦貧民窟來的男孩窩在一起。

他對自己的作品毫無信心，所以趁深夜溜出去，把他的第一篇稿子寄了出去，免得遭人笑話。一個接一個的故事都被退稿，但最後終於被人接受了。雖然一先令的報酬都沒拿到，但編輯誇獎了他。

有一位編輯承認了他的價值。他心情異常激動，漫無目的地在街上亂逛，眼淚流過他的雙頰。假如不是這些誇獎，他可能一輩子都在老鼠橫行的貨倉做工。你也許聽說過他，他的名字叫查理斯狄更斯。

史金納的實驗證明，當批評減少而多點鼓勵和誇獎時，人所做的好事會增加，而比較不好的事會因為受忽視而萎縮。

Chapter 2

要成功推銷需養成的好習慣

讚美就像澆在玫瑰上的水。讚美別人並不費力，只要幾秒鐘，便能滿足人們內心的強烈需求。看看我們所遇到的每個人，尋覓他們值得讚美的地方，然後加以讚美，並把讚美他人變成一種習慣吧！

08 讚美要有分寸

人們經常說禮多人不怪。所以推銷員對顧客總是禮遇有加，並且經常會以近乎拍馬屁的態度去奉承客戶，將人與人之間的溝通技巧建立在取悅對方的逢迎拍馬上面，這種做法其實是一種過度包裝。

一個推銷員看準女人都希望自己年輕這點，凡見到女性即稱呼「小姐」。一次遇到一位年逾六旬、雍容華貴的老太太，直覺告訴他這是一個好客戶，於是十分熱心地招待，並在寒暄中知道這位太太姓李，頻頻稱呼她為「李小姐」。沒想到老太太覺得不妥，希望他改個稱呼，然而推銷員仍堅持要以「李小姐」來稱呼，並且用十分諂媚的語氣說：「外表不年輕並不重要，只要內心保持年輕就好了。」

後來老太太雖然不再表示意見，但不悅的情緒早已產生，拒絕與排

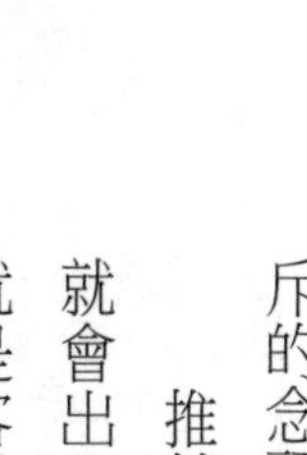

斥的念頭也在心中發酵。

推銷的技巧中雖然會用到一些吹噓和稱讚的語言，但若是運用不當，就會出現反效果。也就是說，在讚美對方時，首先要考慮到一個事實，就是客戶可以接受哪些稱讚的話，倘若適得其反，不如不用。身為推銷員，反應能力一定要快，當客戶出現反感時要立即打住，避免墨守成規而形成僵化的局面。否則經常如此，推銷能力不但不會提高，而且還會給人一種作嘔的虛偽形象。應該是以更實際的做法來取得客戶的認同，並且隨時順應社會的變化，掌握最新的資料，調整新的推銷策略，這樣才能跟得上時代。

讚美客戶要講究一定的技巧。如果不審度時勢，不掌握良好的讚美技巧，即使推銷員出於真誠，也會將好事變成壞事。

在讚美客戶時，以下技巧是可以運用的：

一、因人而異

客戶的素質有高低之分，年齡有長幼之別，因此要因人而異，突出個性，有所指的讚美比泛泛而談的讚美更能收到好的效果。

年長的客戶總希望人們能夠回憶起其當年雄風，與其交談時，推銷員可以將其自豪的過去作為話題，以此來博得客戶的好感。對於年輕的客戶不妨適當地、誇張地讚揚他的開創和奮鬥精神，並拿偉人的青年時代來比較，證明其確實能夠平步青雲。

對於商人，可以讚揚其生意興隆，財源滾滾。對於知識份子可以讚揚其淡泊名利，知識淵博等等。當然所有的讚揚都應該以事實為依據，千萬不要浮誇。

二、詳細具體

在和客戶的交往中，發現客戶有顯著成績的時候並不多見，因此推銷員要善於發現客戶最微小的長處，並覷準時機予以讚美。讓客戶感覺到推銷員真摯、親切和可信，距離自然會越拉越近。

三、情意真切

說話的根本在真誠，雖然每一個人都喜歡聽讚美的話，但是如果推銷員的讚美並不是基於事實或發自內心，就很難讓客戶相信，甚至會認為推銷員在諷刺他。

四、合乎時宜

讚美客戶要見機行事，開局讚美能拉近和客戶的距離，到交易達成後再讚美客戶就有些為過。如果客戶剛剛受到挫折，推銷員的讚美往往能夠起到激勵鬥志的作用。但是如果客戶取得了一些成就，已經被讚美聲包圍並對讚美產生抵制情緒時，再加以讚美就容易被人認為有拍馬屁的嫌疑。

五、雪中送炭

在我們的生活中，受挫折的情境實在是太多。人們往往把讚美給那些功成名就的勝利者，然而勝利者畢竟是極少數，很多人在平時處處受到打擊，很難聽到一句讚揚的話。

推銷員適時地對客戶讚美，往往能夠讓客戶把推銷員當作知心朋友來對待。在這種氛圍中，最容易達成交易。當然，對於推銷員來說，不需心裡存在任何愧疚，認為是透過和客戶拉關係來推銷產品，只要推銷員的讚美是出於真心誠意，這種方法就是可行的。

09 人一定要靠衣裝

剛入推銷行業時，法蘭克的穿著打扮非常不得體，公司一位成功的人士對法蘭克說：「你看你，頭髮長得不像個推銷員，倒像個橄欖球運動員。你應該每週理一次髮，這樣看起來才有精神。你連領帶都不會繫，真該找個人好好學學。你的衣服搭配得多好笑，顏色看上去極不協調。不管怎麼說，你得找個行家好好地教你打扮一番。」

「你知道我根本打扮不起！」法蘭克辯白說。

「你這話是什麼意思？」他反問道：「我是在幫你省錢。你不會多花一分錢的。你去找一個專營男裝的老闆，如果你一個也不認識，乾脆找我的朋友斯哥特，就說是我介紹的，見了他，你就明白地告訴他你想穿得體面些卻沒錢買衣服，如果他願意幫你，你就把所有的錢都花在他

的店裡。這樣一來，他就會告訴你如何打扮，包你滿意。這麼做，省時間又省錢，你幹嘛不去呢？這樣也更易贏得別人的信任，賺錢也就更容易了。」

這聽起來真新鮮。他這些話說得頭頭是道，法蘭克可真是前所未聞。

法蘭克去一家高級的美髮廳，特意理了個生意人的髮型，還告訴人家以後每週都來。這樣做雖然多花了些錢，但是很值得，因為這種投資馬上就賺回來了。

法蘭克又去了朋友所說的男裝店，請斯哥特先生幫他打扮一下。斯哥特先生認真地教法蘭克打領帶，又幫法蘭克挑了西服以及與之相配的襯衫、襪子、領帶。他每挑一樣就評論一番，解說為什麼挑選這種顏色、樣式，還特別送法蘭克一本教人著裝打扮的書。

不光如此，他還對法蘭克講一年中什麼時候買什麼衣服，買哪種最划算，這可幫法蘭克省了不少錢。法蘭克以前老是一套衣服穿得皺巴巴時才換，後來注意到還得經常洗熨。

斯哥特先生告訴法蘭克：「沒有人會好幾天穿一套衣服。即使你只有兩套衣服，也得勤於換洗。衣服一定要常換，脫下來掛好，褲腿拉直，西服送到乾洗店前就要經常熨。」

過了不久，法蘭克就有足夠的錢來買衣服了。法蘭克又知道斯哥特所講的省錢的竅門，便有好幾套可以輪換著穿了。還有一位鞋店的朋友告訴法蘭克鞋要經常換，這跟穿衣服一樣，勤換可以延長鞋子的壽命，還能長久地保持鞋的外形。

中國也有一句諺語說：「佛要金裝，人要衣裝。」

每一天無論在工作或私人場合，我們總有機會接觸到不少陌生人，這些人或多或少對我們的生活都會造成一些影響，因此我們留給別人的印象是很重要的。所以，千萬不要忽略了外表的重要性。花一點時間來照顧你的外表，讓自己看起來神清氣爽，精神飽滿，是你對自己應有的投資。

「你不可能僅僅因為打對了一條領帶而獲得某個職位，但你肯定會因戴錯了領帶而失去了一個職位。」這句話很樸實，也很經典。如果你連自己的形象都不在乎，你就別想讓別人在乎你。

儀表得體、舉止優雅是對你自己的尊重，也是對別人的尊重。身為企業的一員，你的形象就是公司的形象，千萬別讓公司的形象毀於你之手。

如果汽車交易商準備賣一輛舊汽車的話，他會怎樣做呢？首先，他把車送到工廠裡，將表面的擦痕都磨光，並重新噴漆。然後，再將車內裝飾翻新，換上新輪胎，調整好引擎，總之，使車重新煥發光彩。

為什麼要這樣做呢？因為汽車交易商知道外表鮮亮的汽車一定能賣個好價錢的，也許比其原本價值要高出幾千元，這與你做銷售工作是一樣的。要記住儀表不凡和風度翩翩將使你在客戶的眼中身價倍增，為成功打下基礎。

當別人注視你時，他們將看到什麼呢？請站到鏡子前面看一下，你所見到的也恰是你的客戶所見到的。要保證你自己能夠對這個「鏡中人」滿意，如果你都不喜歡「他」，那就別指望你的客戶能夠感興趣。

10 銷售需要時時思考

美國一位工程師和另一位邏輯學家是莫逆之交。有次兩人相約赴埃及參觀金字塔，倆人住進賓館後，邏輯學家便寫起自己的旅行日記，工程師則外出徜徉在埃及的街頭，忽然耳邊傳來一位老婦人的叫賣聲：「賣貓啊，賣貓啊！」

工程師順著聲音，發現在老婦人身旁放著一只黑色的雕塑貓，標價五百美元。這位婦人解釋說，這只玩具貓是祖傳寶物，因孫子病重，不得已才出賣以換取住院治療費。

工程師用手舉一舉貓，發現很重，似乎是用黑鐵鑄造的。不過，那對貓眼卻是用珍珠鑲嵌的。

於是工程師就對那位老婦人說：「我給妳三百美元，只買下兩隻貓眼吧！」

老婦人琢磨了一下，就同意了。工程師回到了賓館，高興地對邏輯學家說：「我只花三百美元竟然買下兩顆碩大的珍珠！」

邏輯學家——看這兩顆大珍珠，絕不止三百美元，少說也值上千美元，忙問朋友是怎麼回事。當工程師講完緣由，邏輯學家忙問：「那位婦人還在那裡嗎？」

工程師回答說：「她還坐在那。想賣掉那只沒有眼珠的黑鐵貓！」

邏輯學家聽後，忙跑到街上，給了老婦人二百美元，把貓買了回來。

老朋友見後，嘲笑道：「你幹嘛花二百美元買個沒眼珠的鐵貓！」

邏輯學家卻獨自坐下來研究、琢磨這只鐵貓，突然間，他靈機一動，用小刀刮鐵貓的腳，當黑漆脫落後，露出的是黃燦燦的一道金色痕跡，他高興地大叫起來：「不出我所料，這貓是純金的！」

原來，當年鑄造這只金貓的主人，怕金身暴露，便將貓身用黑漆漆過，儼如一只鐵貓。工程師看到後十分後悔，邏輯學家則轉身嘲笑他說：「你雖然知識很淵博，但就是缺乏思考的藝術，分析判斷事情不全面深入。你應該好好想一想，貓的眼珠既然是珍珠做成，那貓的全身會是不值錢的黑鐵所鑄嗎？」

美國著名心理學專家丹尼爾高曼說：「想在事業上有所成就，必須依靠創造性思考的力量。」

一家菸草公司的推銷員來到英國，正逢戒菸月，廣告不能登，加上陰雨天氣，要在這邊等一個月的話，旅館的費用不說，運來的香菸也會全部受潮損壞。

急得團團轉的推銷員，忽然看到房間裡「禁止吸菸」的標語，靈機一動之下，他跑到當地一家富影響力的報紙登了一則廣告：「禁止吸菸，就連XX牌也不例外。」結果，推銷員帶來的香菸很快就被搶購一空。

隨著時代變遷，推銷技巧也日新月異地進步，加上生活習慣與人際關係的轉變，推銷技巧和推銷觀念必須隨著時代的改變而修正，因此唯有不斷地學習與創新才能跟上社會變化的脈搏。

要注意的是，在學習新的推銷技巧時，要細心驗證這些技巧是否適用於自己的推銷個性與推銷商品，不能一味迷信某些推銷大王或潛能訓練大師所展現的「特異功能」。

當我們看到他們施展驚人的說服魅力與推銷技巧時，也許感到十分讚歎，但別人的經驗和技巧只能供我們參考對照與融合使用，不能完全依樣畫葫蘆，否則這些大師的理論很可能在使用的過程中讓人感到不太管用。

尤其是每個國家的人文風俗和社會結構各有不同，消費習慣和生活理念也各有差異，倘若硬要把它拿去套用，恐怕只會產生理論與實際的偏差。

11 誠信待人不僅僅是口號

梅耶安塞姆是赫赫有名的羅特希爾德家族財團的創始人，十八世紀末他住在法蘭克福著名的猶太人街道時，他的同胞們常常遭到殘酷迫害。雖然關押他們房子的門已經被拿破崙推倒了，但此時他們仍被要求在規定的時間回到家裡，否則將被處以死刑。

他們過著一種猥瑣和屈辱的生活，生命的尊嚴遭到踐踏，所以，一般的猶太人在這種條件下很難過誠實的生活。但事實證明，安塞姆不是一個普通的猶太人，他在一個不起眼的角落裡建立起了自己的事務所，並在上面懸掛了一個紅盾。他將其稱之為羅特希爾德，在德語中的意思就是「紅盾」。他就在這裡做起了借貸的生意，邁出了創辦橫跨歐陸的巨型銀行集團的第一步。

Chapter 2

要成功推銷需養成的好習慣

當威廉．蘭德格里夫被拿破崙從他在赫斯卡塞爾地區的地產上趕走的時候，他還擁有五百萬的銀幣。蘭德格里夫把這些銀幣交給了安塞姆，並沒有指望還能把它們要回來，因為他相信侵略者們肯定會把這些銀幣沒收的。

但是，安塞姆這位猶太人卻非常聰明，他把錢埋在後花園裡，等到敵人撤退以後，就以合適的利率把它們貸了出去。當威廉回來時，等待他的是令他喜出望外的好消息——安塞姆派遣他的大兒子將這筆錢連本帶利送了回來，還附了一張借貸的明細表。

在羅特希爾德這個家族的世世代代中，沒有一個家庭成員為家族誠實的名譽帶來過一絲的污點，不管是生活上的還是事業上的。如今據估算，僅「羅特希爾德」這個品牌的價值就高達四億美元。

波士頓市長曾說，他目睹了誠實和公平交易的深入人心，九〇%的成功生意人都是以正直誠實著稱的，而那些不誠實的人的生意最終都走向破產。

「說老實話，做老實事，當老實人」，這是老一輩的為人信條。但今天，這一信條卻不太為一些人認同了。說假話，做假事，用假農藥、假化肥坑害農民，用假酒、假菸牟取暴利，成了現今社會的一大毛病。據報導，有所學校發動學生為災區募捐，在收來的捐款中，竟然發現有多張假鈔！這真叫人要問一句：今天，做人還需不需要誠實？

許多人把說謊、欺騙視為一種手段，他們相信說謊、欺騙會給自己帶來好處。許多信譽很好的商店，也往往掩飾自己貨物的缺點，用動人的廣告來哄騙消費者。有很多人認為，在商業上，欺騙如同資本一樣，是十分必要的。他們認為，在商業上處處講實話幾乎是件不可能的事情。

誠實的聲譽與由欺騙暫時所獲得的好處相較，其價值高出千百倍！商業社會中，最大的危險就是不誠實與欺騙。往往在經濟蕭條時，人們更喜歡利用投機取巧的方法，欺騙顧客，不講真話或把應該說的真話祕而不宣。因為他們沒有想到，雖然這樣的做法暫時在金錢上賺了一些，可是商人的人格和信用卻也因此損壞了。他們的戶頭裡雖然暫時增加了一些錢，但他們的人格和信用也喪失殆盡，這終將損害他們的長遠利益。

小天是一位圖書推銷員，一次他到顧客那邊去結一筆已欠四個月的帳款。顧客給他約莫五萬多元的書款。

小天覺得老顧客了，不好意思當面數，所以當時沒有點清。回來清理帳款時，發現上午結的那筆款裡多了一千塊錢。

當他確認多了一千塊時，馬上就打電話給顧客，說：「不好意思，我疏忽大意多收了您一千塊錢，現在馬上給您送過去。」說著就趕到客戶那去。

當時已是晚上十點了，天空下著雨，當他趕到顧客那時已經是晚上十一點多了，顧客在辦公室等。見到他時顧客說：「小天，老實說，我比你先發現我多付了一千元錢，但沒有打電話給你，我想看看你會怎麼做，哪知道……你這麼誠實。」這個顧客自然就成了小天的忠實顧客。

誠信是做人的根本，也是人際交往的準則。

12 守時，是基本的誠信

朋友向李總推薦了一位印刷公司老闆。這位老闆知道李總的公司在印刷方面花了不少錢，想爭取到李總的生意。他帶來了精美的樣本、仔細計算好的建議價格和熱情的承諾。

李總有禮貌地坐著，儘管他未到會前就決定不把生意交給他，因為他遲了二十分鐘才來。準時取得印刷品對李總的公司是十分關鍵的，他公司產品的印刷部件星期三送到，星期四裝訂，星期五發送到下星期出席的座談會地點，遲一天就跟遲一年那麼糟糕。

李總的公司要十多位人工在一個工作天才能將銷售信、訂貨單疊好塞進信封，如果印刷品沒運到，啥都做不成。所以，由於那位印刷公司老闆第一次會議就不能準時出席，李總就判斷不能指望他能準時把工作做好。

守時就是遵守承諾，按時到達要去的地方，沒有例外，沒有藉口，任何時候都應做到。如果你對別人的時間不尊重，就別指望別人會尊重你的時間。如果你對自己的時間不尊重，你就沒有影響力、沒有道德的力量。守時的人會取得職員、助手、貨商、顧客……每一個人的好感。

約會準時是我們最常遇到的誠信問題。每逢假日，朋友約好了出去是常有的事。事先我們都會定好時間地點，可是時間到了後，總會有人遲到甚至不到。「鬧鐘沒電」、「路上塞車」、「機車壞了」……遲到者總是有千萬條理由一一搪塞焦急等待著他們的人。更有甚者，參加活動的多數人都已到達，他卻遲遲不露面，一個多小時過去了，才來電說自己「不想去了」，苦等半天的眾人此刻的興致已經失去不少。若是多幾個人也「不想去了」，精心準備的活動也許就此泡湯。

參加約會的應該都是交情不錯的朋友，對待自己的朋友尚且這樣，可見誠信的觀念並未深入他們的內心。以如此草率的態度對待朋友間的約定，久而久之，這些人離背信棄義就不遠了。其實，若你真的有事情會影響你赴約，早些告訴同行的人就會避免類似的局面出現，而你也算是堅持了誠信的原則。

時間是最公正的消耗品，它不因權貴、貧賤、美醜而有差別待遇。一樣的品質，一樣的尺度，在它面前人人平等。時間最珍愛愛惜它的人們。聲色犬馬、碌碌無為，時間就會從你的身邊悄悄溜走；不斷學習，充實自己，你就會覺得時間有意為你放慢步伐。

守時能使人生活不懶散，進而奮發積極；守時是對他人守信，必能獲得人和；守時是守法的基本，自能受人尊敬。有時，守時也關係到國家的安危。

戰國時期，各諸侯國征戰不休，連吃敗仗的齊景公派田穰苴將軍，與寵臣莊賈領兵回擊。受景公寵愛的莊賈因驕橫狂妄，未按約定時間到達軍營，田穰苴因此將莊賈就地斬首。由此可知，守時是自古以來，攸關成敗安危的重要關鍵。

守時是社交的禮貌：跟別人約好時間，就不能遲到。常有人約會遲到了，就振振有辭地說：因為堵車、因為臨時有電話、因為出門前有訪客……這些都不是理由，不浪費別人的時間，才是最好的理由。

你已經與別人約好了時間，就不能遲到，因為這是失禮的行為，而且在商場上，如果遲到了，必然因此會喪失合作的機會，所以守時是社交的一種禮貌。

守時是生活的義務：在職場上，上班要守時，交貨、付款要守時，這是基本的職業道德；在生活中，搭飛機、搭火車、參加社會活動都要守時，這是國民基本的禮儀；學生上學要守時，吃飯、睡覺、交作業、交試卷，也要守時，這是青少年應有的學習態度。所以，守時是人們的一種義務。

守時是領導的需要：守時，就是惜時，就是對他人及對自己的尊重。一個領導者，要能讓部屬對他服從，守時是最基本的要件之一。如果領導者上班遲到，開會也遲到，便會讓部下對他的言行不信任，甚至於也會對他的能力產生懷疑。所以，守時是領導者的一種需要。

守時是人類的文明：守時是文明進化的產物，愈是先進的國家，對守時的觀念愈是注重。俗語說，時間就是金錢，凡事講求高效率的現代社會，守時已是做人處事、往來交際的重要課題。在分秒必爭、講究服務的今日，守時已是代表信用、重視顧客，以及對他人尊重的行為表現。所以，守時是人類的一種文明。

成功的祕訣在於守時，有時間觀念，這是一種信用。要想成為一個優秀的推銷員，必須要守時，守時是最基本的禮貌，是你對客戶最基本的尊重。如果你和客戶約好了時間，你就必須要守時。不守時的人是得不到別人的信任的，這樣的話，交易成功就無從談起。

13 學會休息

人的生命就像一把弓箭。在射箭的時候，弦拉得太鬆，箭射得不遠。弦拉得太滿太緊，雖射得遠，卻也容易斷。要使弓箭維持在良好的狀態，有良好的效果，就需要一張一弛，鬆緊適度。

石油大王洛克菲勒五十三歲時患了神祕的消化病症，頭髮掉光了，甚至連眼睫毛都一根不剩，活像個木乃伊。許多人歎息洛克菲勒一生馳騁沙場，為事業拼搏大半生，雖然贏得了億萬財富，卻也「贏」來了疾病。

為拒絕死神早日來臨，洛克菲勒接受了醫生的建議，他退休了，並且建立了洛克菲勒慈善機構。他不斷地做善事，因此獲得輕鬆愉快的心情，感受到因為幫助別人而帶來的滿足和愉悅。最後因為休閒和放鬆，他的病情得到了控制。

我們很多人前半生用健康去換事業、換金錢，下半生用金錢去換健康，可世界上有許多事情是單行道，是無法回頭的。

奇異電氣董事長威爾斯是工作狂。但是他對許多管理者的「只工作不娛樂」的政策，卻極力反對。他說：「如果有人告訴我，他每週工作九十小時，我會對他說，你真的是做了天大的錯事。我週末去滑雪，禮拜五跟好友一道出去參加派對，你應該跟我一樣才對。否則，有你受的。把那些讓你每週非得工作九十小時的二十項事情，列下來做成一份清單，你會發現，其中有十項根本就是毫無意義的。」

我們不排斥勤奮工作，但我們不主張在傷害健康的情況下勤奮工作。有些人為了超越別人，要求自己多做一小時的額外工作，因為他們相信，那是勝過別人的唯一方法。如果別人每天工作七小時，你就工作八小時；如果別人工作八小時，你就工作九小時。

但事實是，更勤勞的工作，會使你的頭腦變得遲鈍，並且容易犯錯。你花費更多的時間在一個方案上，不等於你比別人做得更好、更棒。

身為現代社會的一分子，面對堆積如山的工作和回家後繁忙的家庭

雜務，一定要懂得如何放鬆自己。你有一點強過別人的地方——只要想躺下隨時就可以躺下，而且你還可以直接躺在地上。硬硬的地板比裝著彈簧的席夢思床，更有助於放鬆自己。地板給你的抵抗力比較大，對脊椎骨大有益處。

下面就是一些可以在自己家裡做的運動。先試一個禮拜，看看對外表有多大的好處：

只要覺得疲倦了，就平躺在地板上，儘量把身體伸直，如果你想要轉身的話就轉身，每天做兩次。

閉起兩隻眼睛，說：「太陽在頭上照著，天藍得發亮，大自然非常沉靜，控制著整個世界——而我，是大自然的孩子，也和整個宇宙調和一致。」

如果你不能躺下來，那麼，只要你能坐在一張椅子上，得到的效果也完全相同。在一張很硬的直背椅子上，像一個古埃及的坐像那樣，然後把你的兩隻手掌向下平放在大腿上。

現在，慢慢地把你的十只腳趾頭蜷曲起來，然後讓它們放鬆；收緊你的腿部肌肉，然後讓它們放鬆；慢慢地朝上，運動各部分的肌肉，最後一直到你的頸部。然後讓你自己的頭向四周轉動著，好像你的頭是一個足球，要不斷地對你的肌肉說：放鬆……放鬆……

想想你臉上的皺紋，儘量使它們抹平，鬆開你皺緊的眉頭，不要緊閉嘴巴。如此每天兩次，也許你就不必再到美容院按摩了，也許這些皺紋就會從此消失了。

用很慢很穩定的深呼吸來穩定你的神經，要從丹田吸氣。印度的瑜伽術說得對，有規律的呼吸是安撫神經的最好方法。

14 把謝謝掛在嘴邊

許多成功的人都說他們是靠自己的努力。事實上，每一個登峰造極的人，都受到過別人許多的幫助。一旦你明確了成功的目標，付諸行動之後，你會發現自己獲得了許多意料之外的協助。你必須感謝這些幫助你的貴人，同時感謝上天的眷顧。

感恩是美好的字眼，它是一種深刻的感受，能夠增強個人的魅力，開啟神奇的力量之門，發掘出無窮的智慧。感恩也像其他受人歡迎的特質一樣，是一種習慣和態度。你必須真誠地感激別人，而不只是虛情假意。

感恩和慈悲是近親。時常懷有感恩的心情，你會變得更謙和，可敬而高尚。每天都該用幾分鐘的時間，為你的幸運而感恩。所有的事情都是相對的，不論你遇到何種磨難，都不是最糟的，所以你要感到慶幸。

「謝謝你」，「我很感謝」，這些話應該經常掛在嘴邊。以特別的方式表達你的謝意，付出你的時間和心力，比物質的禮物更可貴。

把你的創意發揮在感謝別人上。例如，你是否曾經想過，寫一張字條給上司，告訴他你多麼熱愛你的工作，多麼感謝在工作中獲得的機會？

這種深具創意的感謝方式，一定會讓他注意到你，甚至可能提拔你。感恩是會傳染的，上司也同樣會以具體的方式，表達他的謝意，感謝你所提供的服務。

不要忘了感謝你周圍的人：你的丈夫或妻子、親人及工作的夥伴，因為他們瞭解你，支持你。大聲說出你的感謝，家人知道你很感激他們的信任，但是你要說出來。經常如此，可以增強親情與家庭的凝聚力。

記住，永遠有事情需要感謝。推銷員遭到拒絕時，應該感謝顧客耐心聽完他的解說。這樣他下一次有可能再惠顧！

無論你走到哪一家公司，如果你能夠對為你服務的職員說一聲「謝謝」，他一定會從心裡感激你的。反過來說，如果他的這種工作被人所

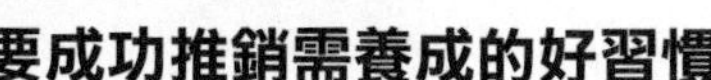

漠視，或者被認為是理所當然的話，他一定感覺不舒暢。關於這一點，你只要改變一下自己的立場就不難明白了。

事實上，有一些職員就是因此不滿，最終才辭職的。因此，我們最好盡可能地給對方「謝謝您」的感激之語，以便給彼此的人際關係帶來良好的結果。而說這種感激之語時，還應該注意：

一、語調必須清晰

說「謝謝您」時，切勿以極小的聲音說。這麼一來，對方會以為，他為你做的事是不值得感謝的，你只是在表面上給他一聲謝謝而已。所以，當你想感謝對方時，必須清晰、愉快、真誠地說出來。

二、最好指名

當你要對某人說謝謝時，最好先稱呼對方的大名，然後表示你的感激之情。

例如：「瑪麗小姐，非常感謝您！」

如果欲向幾位人士同時表示謝意的話，則最好不要說：「謝謝大家！」

而必須一位一位地稱呼他們的名字，然後道謝。例如：「鐘斯先生，非常謝謝你！」「切爾西小姐，非常謝謝妳！」

三、必須看著對方

如果你對想表示感激的人，以冷漠的態度說「謝謝」的話，勢必給對方留下差勁的印象。所以，當你說一聲「謝謝您」時，必須看著對方的臉，真誠地說出來。

四、最好在對方未期待之時，說「謝謝您」

「謝謝您」這三個字，即使對方已期待著您這麼說，仍是有它的效果的。然而最富有效果的是，在對方絲毫沒有心理準備時，說出這一句話，這樣效果是非常大的。

15 把握抉擇時機

印度有位知名的哲學家，天生有股特殊的文人氣質。

某天一個女子來敲他的門，說：「讓我做你的妻子吧，錯過我，你將再也找不到比我更愛你的女人了。」

哲學家雖然也很中意她，但仍回答說：「讓我考慮考慮！」

事後，哲學家用他一貫研究學問的精神，將結婚和不結婚的好壞一一列舉出來比較，可是最終發現好壞均等，這讓他不知該如何抉擇。於是，他陷入長期的苦惱之中，遲遲無法做決定。

最後，他得出一個結論：人若在面臨抉擇而無法取捨的時候，應該選擇自己尚未體驗過的那一個；不結婚的處境我是清楚的，但結婚會是個怎樣的情況我還不知道。

對！我該答應那個女人的請求。

於是，哲學家來到女人的家中，對女人的父親說：「你的女兒呢？請你告訴她，我考慮清楚了，我決定娶她為妻。」

女人的父親冷漠地回答：「你來晚了十年，我女兒現在已經是三個孩子的媽媽了。」哲學家聽了，整個人近乎崩潰，他萬萬沒有想到向來自以為傲的哲學頭腦，最後換來的竟然是一場悔恨。

爾後兩年，哲學家抑鬱成疾，臨死前將自己所有的著作丟入火堆，只留下一段對人生的批註：如果將人生一分為二，前半段的人生哲學是「不猶豫」，後半段的人生哲學是「不後悔」。

猶豫不決和後悔是性格上的弱點，這兩種弱點都可以敗壞一個人的自信心，也可以破壞他的判斷力，並大大有害於他的全部精神能力。

有些人簡直優柔寡斷到無可救藥的地步，他們不敢決定種種事情，不敢擔負起應負的責任。之所以這樣，是因為他們不知道事情的結果會怎樣，究竟是好是壞，是凶是吉。他們常常擔心今天對一件事情進行了決斷，明天也許會有更好的事情發生，以致對今日的決斷發生懷疑。

Chapter 2

要成功推銷需養成的好習慣

許多優柔寡斷的人，不敢相信他們自己能解決重要的事情。因為猶豫不決，很多人使他們自己美好的想法陷於破滅。

猶豫不決、優柔寡斷是人們陰險的仇敵，在它還沒有得到傷害你、破壞你的力量，限制你一生的機會之前，你就要即刻把這一敵人置於死地。不要再等待、再猶豫，絕不要等到明天，今天就應該開始。要逼迫自己訓練一種遇事果斷堅定的能力、遇事迅速決策的能力，對於任何事情切不要猶豫不決。

人生沒有回頭路。當你認識到做錯了事，走錯了路，應該做的是及時地改正錯誤，調整方向，而不是為錯誤而不斷懊悔。因為，過去的已經過去，你再也無法重新設計。而後悔，又只會讓你失去現在的機會。牛奶既然已經打翻了，就不要再為它哭泣。

有這樣一個故事：

一個正處於青春年華的年輕人，總認為自己可以做任何事情，世界彷彿就在他的面前。

一天清晨，上帝來到他身邊說：「你是我的寵兒，我可以幫助你實現一個願望。但是你要記住，只能說一個願望。」

他不甘心，說：「我有很多願望啊。」

上帝搖搖頭，說：「這世間的美好願望實在太多，但是生命是有限的，沒人可以擁有全部，有選擇就有放棄。慎重選擇一個吧，選擇了以後就不要後悔。」

他非常驚訝地說：「我會後悔嗎？」

上帝說：「誰知道呢。譬如，你選擇了愛情就要忍受情感的煎熬，選擇了智慧就意味著痛苦和寂寞，選擇了財富就有錢財帶來的麻煩，選擇了事業就要辛苦地奔波。這世界上有太多的人走過了一條路之後，懊悔自己其實應該走另一條路。仔細想一想，你這一生真正要什麼？」

他想了又想，所有的渴望都紛紛而來，哪一個都不忍放棄。

最後，他對上帝說：「讓我想想，讓我想想。」

上帝說：「但是要快一點，我的孩子。」從此以後，他在生活中就是不斷地比較、權衡。

就這樣，時間一點點過去了，轉眼間很多年過去了，他不再年輕了，老了，老得快要走不動了。這時候，上帝又來到他的面前：「我的孩子，你還沒有決定你的心願嗎？你的生命只剩下五分鐘了。」「什麼？」他驚訝地喊道，「這麼多年來，我沒有享受過愛情的歡樂，沒有累積財富，沒有得到過智慧，我想要的一切都沒有得到。上帝啊，你怎麼能在這個時候帶走我的生命呢？」

可是，無論他怎麼痛哭流涕，上帝在五分鐘後還是無奈地帶走了他。

優柔寡斷可能摧毀你的一切。拒絕優柔寡斷，不管是好是壞，你都要去選擇一個。

賀成交！

超級業務金牌手冊

賀
CHAPTER
3
金牌業務要具備的個人修養
Business

01 有了目標再行動

一位偉人曾說過，如果你不知道自己要去何方，便很難取得什麼驚世駭俗的成就。

一隊毛蟲在樹上排成長長的隊伍，有一條帶頭，其餘的依次跟著，食物就在枝頭，一旦帶頭的找到目標，停了下來，牠們就開始享受美味。

有人對此非常感興趣，於是做了一個試驗，將這一組毛蟲放在一個大花盆的邊上，使它們首尾相接，排成一個圓形，帶頭的那條毛蟲也排在隊伍中。那些毛蟲開始移動，它們像一個長長的遊行隊伍，沒有頭，也沒有尾。

觀察者在毛蟲隊伍旁邊擺放了一些牠們喜愛吃的食物。但是，毛蟲們想吃到食物就得看牠們的目標，也就是那隻帶頭的毛蟲是否停了下來，

一旦停了下來牠們才會解散隊伍不再前進。

觀察者預料，毛蟲會很快厭倦這種毫無用處的爬行而轉向食物。可是毛蟲沒有這樣做。出乎預料之外，那隻帶頭的毛蟲一直跟著前面的毛蟲的尾部，牠失去了目標。整隊毛蟲沿著花盆邊以同樣的速度爬了七天七夜，一直到餓死為止。

可憐的毛蟲給予我們最深刻的啟示：沒有目標的行動只能走向滅亡。目標對我們非常重要，不容忽視，目標是所有奮鬥者幸福的起點。

當很小的時候，看到別人走路、講話、讀書、騎車等等，我們就下定決心也要學會這些本領。雖然並不是有意識地這樣做，但確實是為自己樹立了目標。儘管達到這些目標不是件容易的事，但還是要努力取得成功。正是這樣，所以我們學會了走路、講話和其他許多現在看來都很簡單自然的東西。

目標甚至還可以使人們保持青春和幸福，據美國一項統計數字顯示，男人平均死亡的年齡是退休後兩年。這表示如果在某一工作崗位上工作了很多年，它就會成為一個人生活中重要的組成部分，如果突然將其從生活裡拿走，就會覺得自己似乎失去了活著的意義，或者繼續活下去的願望。結果，人對疾病的抵抗力降低了，身體也跟著變弱了。

一位美國的心理學家發現，在老人療養院中，有種現象非常有趣：每當節假日或一些特殊的日子，像結婚周年紀念日、生日等來臨時，死亡率就會降低。他們之中有許多人為自己立下目標：再多過一個耶誕節、一個紀念日，一個國慶日等等。等這些日子一過，心中的目標、願望已經實現，繼續活下去的意志就變得微弱了，死亡率便立刻升高。

生命是可貴的，並且只有在它還有一些價值的時候去做應該做的事，去實現自己的目標，人生才會有意義。

02

目標可以訂得高一點，但必須有效

有位音樂系的學生走進練習室。在鋼琴上，擺著一份全新的樂譜。

「超高難度……」翻動著樂譜，他喃喃自語，感覺自己對彈奏的信心似乎跌到谷底，甚至不敢再彈。已經三個月了！自從跟了新的指導教授後，不知道為什麼教授要以這種方式整人？勉強打起精神，他開始用十指奮戰……琴音蓋住了練習室外教授走來的腳步聲。

指導教授是個極有名的鋼琴大師。授課第一天，他給新學生一份樂譜，「試試看吧！」他說。樂譜難度頗高，學生彈得生澀僵滯，錯誤百出。「還不熟，回去好好練習！」教授下課時叮囑學生。

練了一個星期，第二周上課時學生正準備讓教授驗收，沒想到教授又給了他一份難度更高的樂譜，「試試看吧！」上星期的課，教授提也沒提，學生再次掙扎在更高難度的技巧挑戰。

第三周，更難的樂譜又出現了。同樣的情形持續著，學生每次在課堂上都被一份新的樂譜所困擾，然後把它帶回去練習，接著再回到課堂上，重新面臨兩倍難度的樂譜，卻怎麼都追不上進度，一點也沒有因為上周的練習而有駕輕就熟的感覺，學生感到越來越不安、沮喪並且有些氣餒。

教授走進練習室。學生再也忍不住了。他必須向鋼琴大師提出這三個月來何以不斷折磨自己的質疑。

教授沒開口，他抽出了最早的那份樂譜，交給學生。「彈奏吧！」他以堅定的目光望著學生。

不可思議的結果發生了，連學生自己都驚訝萬分，他居然可以將這首曲子彈奏得如此美妙、精湛！教授又讓學生試了第二堂課的樂譜，學生依然呈現超高水準的表現……演奏結束，學生怔怔地看著老師，說不出話來。

「如果我任由你表現最擅長的部分，可能你還在練習最早的那份樂

譜，就不會有現在這樣的程度……」鋼琴大師緩緩地說。

遠大的目標是成就事業的基礎，但是更重要的是不要懷疑自己的能力，不要因有偉大的夢想而擔心、畏懼——「我可以嗎，我現在只是一個小推銷員罷了。」讓這些懷疑、畏懼沉入大海吧！要知道：想要創造，想成為一個開拓者，就要有「創造者的自大驕傲」！自認為偉大，然後勤奮地工作，向自己偉大的夢想一步步前進。

做好自己正做著的任何有意義的事情，相信自己有偉大之處，並讓它指引自己正直而有效地生活。極可能有一天，你會成為別人心目中的「偉大人物」。偉大，並非高不可攀，那僅僅是自我價值、自我實現的一個高度，任何人都可能登上去！

身為一名推銷員，不要設定太難或太容易的目標，這兩者對推銷成功的幫助都不大，因此。設定目標應該客觀、現實。

人類大多數的物質目標都依靠金錢來達成，想要在今天的社會立足，健康和最起碼的財力是必要的。大多數推銷員都希望增加銷售量以累積財富，即使想達成其他目標，也需要金錢做後盾。

在一年一度的三藩市基金與保險年會上，北美地區最好的男女推銷員聚集在一起。令人驚訝的是，年度最佳推銷員竟在偏遠都市的一家小公司工作。他只有一個祕書，但他幾乎不需要其他任何協助，而且收入驚人。

別人請教他成功之道時，他表示，其實沒有任何一個推銷員需要龐大的幕僚群或辦公室才能做事，想賺錢就應該少待在辦公室內，並組織工作流程使其系統化。

他強調，要學會將辦公室變成研究所，在辦公室時，要準備第二天工作的「藥方」。他做推銷時，總是在書桌上貼一張紙條，上頭寫著：「我現在的工作可以賺多少錢？」另一個道具是一支巨大、手繪的溫度計，這些標誌可以提醒他待在辦公室是浪費時間，當自己待在辦公室做白日夢時，可將自己喚回現實，別懶洋洋的。

他提到開始做推銷時，經理建議他給自己訂一個切合實際的目標；那時，他很喜歡當年的年度跑車，還特地跑到附近的汽車經銷處打聽價錢。所以聽完經理的話後，他立刻把原來釘在牆上的溫度計移走，然後

在牆上畫了一支手繪溫度計，把他喜歡的車的車價寫在最上面。

每做成一筆生意，他就把傭金的半數金額塗在溫度計上，另一半傭金是他的固定支出和儲蓄，這種激勵方式使他賺到許多錢，眼見溫度計上被塗滿的部分一周高過一周，只花數月時間，他就買得起夢想中的跑車了。自此之後，他立下了更多切合實際的目標，並將其一一實現。

恰當的目標是人生努力的方向。他說當他擁有足夠的錢買跑車時，那種滿足、驕傲和充實的感覺真是難以言喻。為了達到目標，他幾乎完全拋棄了以往懶散的習性，持續努力工作，因為牆上不斷「升溫」的溫度計實在非常美麗。

03 良好的時間規劃

身為一個推銷員必須瞭解，日程表上的所有事項並非同樣重要，不應對它們「一視同仁」，這是很重要的一點。如果推銷員列出日程表，開始進行表上的工作時，卻未按照事情的輕重緩急來處理，就會導致推銷員的效率偏低。

在確定了應該做哪幾件事之後，推銷員必須按它們的輕重緩急開始行動。許多推銷員是根據事情的緊迫感，而不是事情的優先程度來安排先後順序的，因此，這些人的做法是被動的而不是主動的，成功的推銷員不會這樣工作。以下兩種方法可以幫你實現。

首先，每天開始都有一張先後順序表。

伯利恒鋼鐵公司總裁查理斯舒瓦普承認曾會見效率專家艾維利，會

見時，艾維利說自己的公司能幫助舒瓦普把他的鋼鐵公司管理得更好。

舒瓦普承認，他自己懂得如何管理，但事實上公司不盡如人意，可是他說需要的不是更多的知識，而是更多的行動。他說：「應該做什麼，我們自己是清楚的。如果你能告訴我們如何更好地執行計劃，我聽你的，在合理範圍之內價錢由你定。」

艾維利說可以在十分鐘內給舒瓦普一樣東西，這東西能把他公司的業績提高至少五〇％。然後他遞給舒瓦普一張空白紙，說：「在這張紙上寫下你明天要做的六件最重要的事。」過了一會又說：「現在用數字標明每件事情對於你和你的公司的重要性次序。」這花了大約五分鐘。

他接著說：「現在把這張紙放進口袋。明天早上第一件事是把紙條拿出來作第一項。不要看其他的，只看第一項。著手辦第一件事，直至完成為止。然後用同樣的方法對待第二項、第三項……直到你下班為止。如果你只做完第一件事，那不要緊。你總是做著最重要的事情。」

艾維利又說：「每一天都要這樣做。你對這種方法的價值深信不疑之後，叫你公司的人也這樣做。這個試驗你愛做多久就做多久，然後才寄支票給我，你認為值多少就給多少。」

整個會見歷時不到半個鐘頭。幾個星期之後，舒瓦普給艾維利寄去一張二・五萬元的支票，還有一封信。信上說：從錢的觀點看，那也是他一生中最有價值的一課。

後來有人說，五年後，這個當年不為人知的小鋼鐵廠一躍而成為世界上最大的獨立鋼鐵廠，艾維利提出的方法功不可沒。這個方法還為舒瓦普賺得一億美元。

人們有不按重要性順序辦事的傾向。多數人寧可做令人愉快的或是方便的事，但是沒有其他辦法比按重要性辦事更能有效利用時間了。試用這個方法一個月，你會見到令人驚訝的效果。人們會問，你從哪得到那麼多精力？但你知道，你並沒有得到精力，只是學會了把精力用在最需要的地方。

其次把事情按重要程度寫下來，定個進度表。

把一天的時間安排好，對於一個推銷員的成功是很關鍵的。這樣你可以時時刻刻集中精力處理要做的事。同樣，把一周、一個月、一年的

時間安排好，同等重要。這樣做會給你一個整體方向，使你看到自己，有助於達到目的。

每個月的開始，你都應該坐下來看該月的日曆和本月的主要任務表，然後把這些任務填入日曆中，再定出一個進度表，這樣做之後，你會發現你不會錯過任何一個最後期限或忘記一項任務。

亨瑞傑克出生於美國三藩市城一個移民家庭，因家庭條件所限，連中學都沒有唸完就開始自謀生路。十八歲時亨瑞成為一名公車司機，後因傷病離職；二十九歲時進入人壽保險推銷行業，初期業績很不理想，後來一帆風順，成為成功的推銷員。

當亨瑞遠離了失業帶來的痛苦，滿懷信心地投入壽險推銷工作時，為了給自己以鼓勵，他常對自己說：「亨瑞，你有常人的智慧，有一雙能走路的腿，每天走出去把保險的好處告訴四到五個人是不成問題的，如果你能堅持下去，就一定能夠成功。」

新生活帶來的巨大積極性，使亨瑞決心每天都寫日記，把每一天所做的訪問詳細地記錄下來，保證每天至少訪問四個以上的客戶。透過每天記錄，他發現自己每天實際上可以嘗試更多拜訪；還發現，堅持不懈地每天訪問四位客戶真不是一件簡單的事。亨瑞感覺以前實在是太懶惰了，否則不至於如此落魄。

採取新工作方法之後的第一周，亨瑞賣出了一萬五千美元的保單，這個數字比其他十個新推銷員賣出的總和還要多。一萬五千美元的保險在別人眼中也許算不了什麼，但卻證明他的決定是正確的，也證明了他有能力做得更好。

為了儘量少浪費時間，拜訪更多的客戶，亨瑞決定不再花時間寫日記。但命運又一次捉弄了他，從停止日記之後，業績又開始往下掉，幾個月之後，他發現又回到以前那種叫天天不應、叫地地不靈的地步。

亨瑞只好向公司的資深推銷員求教，他向這位資深推銷員講述了自己的苦惱，對方並沒有多說，只是向亨瑞推薦了一首詩。亨瑞將自己鎖在辦公室，反覆誦讀這首詩，進行了幾個小時的反省，不停反問自己到底是哪裡出了問題。終於他明白了一個道理，業績掉落，不是因為他偷懶，而是因為自己拜訪客戶無規律的結果。此後他又重新寫工作日記了。

透過堅持寫工作日記，亨瑞發現他每次出門的效率在不斷提升。短短的幾個月中，他從每出門二十九次才能做成一筆生意上升到每出門二十五次就成交一筆，又到每二十次一筆，直至每出門十次，甚至三次就有一筆生意成交。

透過仔細地研究工作日記，亨瑞發現，有七〇％的生意實際上是在跟客戶碰面的第二次時就成交了，其中二十三％是在第一次碰面時做成的，而只有七％是至少拜訪了三次以上才做成的。

再詳細分析，亨瑞發現，他竟在七％的生意上花掉了他十五％的時間，他不禁問自己：「我為什麼要事倍功半地做這七％的生意呢？為什麼不把所有時間集中在第一次或第二次就能成交的生意上呢？」這一頓悟使他每天出門拜訪的價值開始倍數成長。

對工作進行了調整、分析之後，亨瑞感到要使工作效率得到更大的提高，就必須把生活和工作安排得井然有序。他說：「我必須花時間做好工作計劃，如果每次出門之前把四十張或五十張客戶的名片丟在一起，就認為自己做好出發前的準備的話，那只能算是自欺欺人，應該在每次出發前，找出舊的工作記錄，仔細研究一下以前拜訪客戶時說過哪些話，做過哪些事，再寫下當天要做的拜訪中準備說些什麼內容，提出什麼樣的建議，整理出當天的行動計劃。安排好從星期一到星期五的約會時間是推銷員必須做的工作。」

他發現要使一周的工作計劃做得很充分，至少需要四～五個小時的時間。這種做法使他的心態和工作效率有了很大的改觀。對此，亨瑞說：「任何事情都可能由別人代勞，唯有兩件事情非要自己去做不可。這兩件事一是自我思考，一是按照事情的先後順序去執行。」

在接下來的一周裡，亨瑞嚴格地按工作計劃去工作，每次出門的時候，再也不會因為毫無準備和目標而團團轉了。他回憶那段時間時說：「從此我可以從容地帶著熱誠和自信去拜訪每一位客戶了，因為有星期六上午的計劃，我每天都渴望能見到這些客戶，渴望和他們一道研究他們的情況，告訴他們我精心想出來的那些對他們有幫助的建議。

每個星期結束之後，我再也不會覺得精疲力竭，或者沮喪而沒有成就感，相反的，我感到前所未有的興奮，並且迫不及待地希望下一個星期早些到來，我有信心在下一個星期得到更大的收穫。」

一年之後，亨瑞驕傲地在同事面前展示了他的工作日記。一年之內他不間斷地記錄了十二個月的工作情況，其中的每一筆記錄都相當清楚，每天的每個數字都準確無誤。

幾年後，亨瑞把「自我規劃」日從星期六上午移到星期五上午，使自己有更多的時間享受真正的週末。他喜歡一星期過四天緊張而又充滿效率的日子，要是一個星期都在工作，而樣樣事情都沒有做好，人生還有什麼樂趣呢？

04 做任何事情都要有主見

從前有個父親帶著兒子去市場賣驢子。驢子走在前頭，父子倆緊隨在後，村裡的人們看了都覺得很可笑。

「真傻啊！騎著驢子去多好，卻在這沙塵滾滾的路上慢行。」

「對啊！說得對啊！」父親突然覺得很有道理。

「孩子，騎上驢子吧！我會跟在旁邊，不會讓你掉下來的！」

父親讓孩子騎在驢子上，自己則跟在旁邊走。這時，對面走來一位父親的朋友。「喂！讓孩子騎驢，自己卻徒步，算什麼！現在就這麼寵孩子，將來還得了！為了孩子的健康，應該叫他走路才對。讓他走路，讓他走路！」

「噢！對呀！有道理。」於是，父親讓孩子下來，自己則騎上驢背。

孩子跟在驢子後面，吃力地走著。走著走著，碰見一個擠牛奶的女孩。女孩用責備的口吻說：

「哎喲！世間竟有這麼殘酷的父親，自己輕鬆地騎在驢背上，卻讓那麼小的孩子走路，真可憐。瞧，那孩子多痛苦，東倒西歪地跟在後面，實在可憐啊！」

「是啊！說得有理！」父親點頭贊同。於是，父親叫孩子也騎到驢背上，朝著市場的方向前進。

驢子同時要載兩個人，漸漸地舉步吃力，呼吸急促，身子不停地發抖。可是父親並沒有發覺，還一邊輕鬆地哼著歌曲，一邊在驢背上搖晃！

驢子好不容易走到教堂前，喘了一大口氣。

教堂前面站了一位牧師，叫住了他們。「喂！喂！請等一下，讓那麼弱小的動物載兩個人，驢子太可憐了。你們要去哪呢？」

「我們正要帶這匹驢子去市場賣呀！」

「哦！這更有問題。我看你們還沒走進市場，驢子就先累死了，恐怕還賣不出去呢！信不信由你。」

「那麼，該怎麼做呢？」

「把驢子抬去吧！」

「好！有道理。」

父子倆立刻從驢背上跳下來，然後把驢子的腿綁起來，再用棍子抬著驢子。這樣抬著，當然非常重，所以父子倆漲紅了臉，搖搖晃晃地喊著：「怎麼這麼重呢？」

看見這種情景的人都呆住了：「真是奇怪的人啊！」

抬著驢子的父子不久走到一座橋上。「孩子，市場快到了，再忍耐一會兒吧！」父親雖然這麼說，可是自己和孩子都已經累得筋疲力盡了。

驢子畢竟是驢子，被倒吊著反而痛苦得不得了，不但口吐白沫，還粗暴地扭動起來。

「嘿！乖一點啊！」父親嚴厲地斥罵著，可是驢子不聽，扭動得更厲害，結果，棍子「啪」的一聲折斷了，繩子也斷了，驢子倒栽蔥似的掉進河裡。很不湊巧，雨後河水暴漲，驢子就在一瞬間被急流吞沒，看不見蹤影了。

「啊！怎麼會這樣呢？這都是因為偏聽別人的意見而產生的嚴重後果啊！」父子倆只好垂頭喪氣地走回家。

每個人都有自己的想法，他們的意見不能代表你自己的意見。要想成為一個傑出的推銷員，就必須要有自己的主見。有了主見你才能拒絕優柔寡斷，才能按自己的想法辦事。

馬丹諾做推銷員的時候只有十七歲，他所有的親戚朋友都反對他做推銷員，所以馬丹諾只有從拜訪陌生人開始自己的工作。可是他又不大敢做陌生拜訪，因為他害怕在敲別人家門或跟陌生人談論產品的時候會被拒絕，因此業績一直無法突破。

有一天，馬丹諾的經理跑來找他，對他說：「你今天跟我去拜訪。」

馬丹諾跟他下樓走到馬路上，經理看到對面走來一個小女孩，就告訴馬丹諾：「假如我走過這條馬路後還沒有辦法向她推銷產品，我走回馬路時就讓車撞死。」馬丹諾聽後嚇了一大跳，認為他怎麼可以說出這種話。於是馬丹諾看他走過馬路，開始向這位小女孩推銷產品，十五分鐘之後，他把產品賣出去了。

於是，馬丹諾如法炮製，開始向陌生人推銷。可是，當他向陌生人開口的時候，頭腦裡馬上想到萬一被拒絕怎麼辦？於是又打起退堂鼓了。

後來馬丹諾回到公司，找了一位同事並帶他下樓，對他說：「你看著，假如我無法向對面那個陌生人推銷產品的話，我就走回馬路來讓車撞死。」當馬丹諾說完這句話時，他的腦海一片空白，根本不知道該如何推銷。馬丹諾不得不硬著頭皮走過去，開始與陌生人交談，他根本不知道自己要說什麼，但是又不能走回頭路，因為他剛剛做過承諾、發過誓。於是馬丹諾使出渾身解數向這位陌生人推銷產品。二十分鐘之後，不可思議的事情發生了：陌生人買了馬丹諾的產品。

馬丹諾發現，原來是自己的決心幫助自己推銷成功的。

在馬丹諾二十歲那年，他學習了一門課程，在課堂上老師告訴他：「下次還有一門非常棒的課程，這門課可以幫助我們激發所有的潛能，讓自己能夠成為頂尖人物。」

馬丹諾說：「這門課程很好，可是我沒有錢，等存夠了錢再上。」這時老師問他：「你到底是想成功，還是一定要成功？」

馬丹諾說：「我一定要成功。」他又問馬丹諾：「假如你一定要成功，請問你會怎樣處理這件事情？」於是馬丹諾立刻借錢來上課。當然，上完課之後，馬丹諾有了很大的進步。

老師又告訴他們：「下次還有一門課程，仍然相當棒，會教授領導與推銷方面的知識。」

馬丹諾聽了之後非常興奮，可是他還是沒有錢，想等到明年再上。當時老師又問他：「你到底是想成功，還是一定要成功？」他回答：「當然一定要成功啊！」

「你一定要成功，那你要等到什麼時候才來上課？你的收入不夠，所以你沒有錢，就更應該來上課才是，你說是不是？」於是馬丹諾又借錢來上課。就這樣反反覆覆，一共借了十幾萬元來上課。當上完這些課程之後，馬丹諾的人生發生了一個非常大的改變，他認為自己這輩子是在那幾次課程中塑造出來的。

決心是制勝的法寶，克服優柔寡斷，下定決心，一切困難都變成暫時性的了。要想成功，下定決心很重要。

05 銷售離不開積極的心態

在推銷人員中，有個大家耳熟能詳的故事。

兩個推銷人員到非洲推銷皮鞋，非洲十分炎熱，人們都打赤腳，其中一個推銷人員說：「這裡的人都不穿鞋，哪會有什麼市場呢？」於是，沮喪而回；而另一個推銷人員卻驚喜萬分地說：「這裡的人都沒有穿鞋，市場大得很呢！」於是，想盡辦法打開市場缺口，最終發大財而回。

從這個故事可以得出一個結論，「積極的心態是奠定成功的基石，消極的心態是失敗者自掘的墳墓。」所以說，擁有積極向上的心態也就成功了一半。

在這個世界上沒有任何人可以打敗你，能打敗你的只有自己！我不能保證擁有積極的心態一定能成功，但是我敢肯定，擁有消極心態的人

一定不會成功！同時，你還應該具備一股鞭策自己、鼓勵自己的動力。只有這樣，你才能不因膽怯、惶恐而不敢接近客戶。在大多數人都不認為有市場的情況下，你見了客戶，發現了市場，那麼你就成功了。

推銷心態和推銷技巧是推銷成功的兩大要素。推銷技巧可以在不斷的訓練學習中獲得，但是積極的推銷心態就要靠內心的自我修煉才能達到效果。如果我們把推銷心態和推銷技巧分為內外因素來考慮，推銷心態是推銷人員的內在思維；推銷技巧就是外在的行為。

因此，推銷人員需要時常修正自己的心態，藉以消除不良的習慣與不當的處世態度，並強化正確的、積極的心態。

心態始於心靈，終於心靈。換句話說，要想有持續完成任務的積極心態，首先就要有一種對成功的強烈渴望或需要。

內心充滿對成功的渴望和追求，永遠是一個成功的推銷人員所必備的條件。如果他們對於所推銷的產品具有無比的動力和熱忱，想要成為推銷界頂尖的人物，有強烈的成功欲望，那麼就絕不會允許任何事情阻礙他們實現目標。但大多數的推銷人員並非如此，只要能夠賺到每月的生活費就可以了，只需要每個月達成公司給他們設定的目標就成了，他們沒有強烈的追求心。

曾有保險公司做過調查，公司在每年五月份都有一個銷售競賽，如果推銷人員能夠在這個月達到銷售目標，通常都能獲得額外的報酬和獎勵。調查結果顯示：大部分的推銷人員在其他月份平均每月只能銷售四張保單左右，但是到了五月份，平均每一個推銷人員能夠銷售到五到六張保單，而那些大部分在競賽月份中能夠提高業績的推銷人員，其推銷技巧和其他月份並沒有什麼差異，能力也沒有什麼不同，惟一不同的只是比其他的月份多了一點點努力和辛苦而已。

所以一個沒有追求心跟強烈成功欲望的推銷人員，事實上是沒有未來、沒有希望的。

06 謙虛讓你有求必得

湯姆是一個木材公司的推銷員。他承認，多年來，憑自己經營木材的經驗，他總是毫不客氣地指出那些木材檢驗人員的錯誤，事實證明他是對的，可是這一點好處也沒有。因為那些檢驗人員和棒球裁判一樣，一旦判決下去，他們絕不肯更改。

在湯姆看來，他表面上獲勝了，卻使公司損失了成千上萬元的金錢。因此，他決定改變這種習慣，不再抗爭了。以下是他的報告：

有天早上，辦公室的電話響了。一位憤怒的顧客在電話那頭抱怨，我們運去的一車木材完全不符合他們的要求；他的公司已經下令停止卸貨，請我們立刻把木材運回去。

聽完電話，我立刻趕去對方的工廠。在途中，我一直思考著解決問題的最佳辦法。通常在那種情形下，我會以我的工作經驗和知識來說服檢驗員；然而，我又想，還是把在課堂上學到的為人處世原則運用看看。

到了工廠，看見採購主任和檢驗員正悶悶不樂，一副等著爭執的姿態。我走到卸貨的卡車前面，要他們繼續卸貨，並讓我看看木材的情況。我請檢驗員把不合格的木料挑出來，把合格的放到另一堆。

看了一會，我知道他們的檢查太嚴格了，而且把檢驗規格也搞錯了。那批木材是白松，雖然我知道那位檢驗員對硬木的知識很豐富，但檢驗白松的經驗卻不夠，而白松碰巧是我最內行的。能以此來指責對方檢驗員評定白松等級的方式嗎？我想不行！我繼續看著，慢慢地開始問他某些木料不合格的理由是什麼，一點也沒有暗示他檢查錯了。我強調，請教他只是希望以後送貨時能確實滿足他們公司的要求。

我以一種非常友好而合作的語氣請教，並且堅持把他們不滿意的部分挑出來，使他們感到高興。於是，我們之間劍拔弩張的氣氛緩和了。偶爾我小心地提問幾句，讓他覺得有些不能接受的木料可能是合格的，但是，我非常小心地不讓他認為我是有意為難他。

漸漸地，他的整個態度改變了。他最後向我承認，他對白松木的經驗不多，而且問我有關白松木的問題，我就解釋為什麼那些白松木板都是合格的，但是我仍堅持：如果他們認為不合格，我們不要他收下。他終於到了每挑出一塊不合格的木材就有種罪過感的地步。最後他終於明白，錯誤在於自己沒有指明所需要的是什麼等級的木材。

結果，在我走之後，他們把卸下的木料又重新檢驗一遍，全部接受了，於是我們收到了一張全額支票。

在和客戶交往中，謙虛一點，愚蠢一點，反而是種聰明。

所以我們要時刻保持謙虛的頭腦，飽滿的稻穗是低著頭的，空癟的稻穗才昂頭。我們說，個人有一點能力，取得一些成績和進步，產生一種滿意和喜悅感，這是無可厚非的。但如果這種「滿意」發展為「滿足」，「喜悅」變為「狂妄」，那就有問題了。這樣，已經取得的成績和進步，將不再是通向新勝利的階梯和起點，而成為繼續前進的包袱和絆腳石，那就會釀成悲劇。

在這個世界上，誰都在為自己的成功打拼，都想站在成功的巔峰上風光一下。但是成功的路只有一條，就是學習，不過這條路很擁擠。在這條路上，人們都行色匆匆，許多人就是稍一回首，品味成就時被別人超越了。因此，有位成功人士的話很值得借鑑：「成功的路上沒有止境，但永遠存在險境；沒有滿足，卻永遠存在不足；在成功路上立足的最基本的要點就是：『學習，學習，再學習。』」

有位角力高手，學有三百六十種招數，每逢比武，靈活變化交替使用，所以每次出手都各不相同。他最喜歡的是長得英俊的小徒弟，於是把本事教給他三百五十九種，只保留一招未傳。小徒弟力大無比，學成後誰也敵不過。

後來，小徒弟跑到國王面前誇下海口，說：「我之所以不願勝過師父，只因敬他年老，又看他畢竟是自己的師父。其實，我的本領和力氣，絕不比師父差。」

國王見他目無師長，很不高興，令他師徒二人當著滿朝達官貴人的面，進行比武。那青年耀武揚威，不可一世地走進賽場，像頭憤怒的大象，彷彿他的對手就算是座山，他也會將之推倒。

師父見他力氣比自己大，只好使出留下未傳的那最後一招，一把將他扭住。他還不知怎樣招架，就已經被師父舉過頭頂，拋在地上。滿場的人都歡呼叫好。國王賞賜師父錦袍，並斥責那青年說：「你妄想和你師父較量，可是失敗了。」

徒弟說：「陛下！他勝過我不是憑力氣，而是用他留下沒教的那招，才把我打敗的。」

師父說：「我留下這一招，為的是今天。聖人說過：『不要把本事全部教給朋友，萬一他將來變成敵人，你怎樣抵擋得住？』還有個從前吃過虧的人說：『也不知是人心改變，還是世上本來沒有情義。我向他們傳授射箭技藝，最後他們卻把我當作天上的飛鵠。』今天看來，我當時的決定是對的。」徒弟聽完後羞愧難當。

真正有本事，胸懷大志的人是不易驕傲的，這是一個人的修養達到較高境界的表現。倒是那些胸無大志、一知半解的人，很容易驕傲。至於驕傲的本錢，有大有小，有的根本沒有，也會憑空驟生驕氣，如一則有趣的寓言所說，長頸鹿因為能吃到幾米高的樹葉而驕傲，而小山羊則因從籬笆縫隙裡鑽進去吃草而驕傲。這說明：驕傲的程度與愚蠢程度成正比，與成功的機率成反比！

想在成功的道路上走得堅定穩健，必須戒驕戒躁，永不自滿。千萬不要做半瓶子醋，要以一種空杯為零的態度虛心學習，養成求取上進的良好習慣，這樣，才會在有所成績的基礎上更進一步，才會有成功路上堅實的步履。

07

幽默讓溝通變得簡單

金牌推銷員貝特經常突發奇想，使用一些出其不意的方法贏得客戶。有次，他用電腦製成了一張樂透彩券，把自己的照片放入號碼欄內。然後用彩色印表機印出彩券，再把彩券貼到一張厚紙板上，最後覆以錫紙，製成刮刮樂的樣子。上面寫著：

在直排、橫排或對角線中，只要出現三張相同的照片，您就中獎了。

貝特可以想像對方收到彩券、刮出照片時是怎樣的一副驚奇和好笑的表情。

貝特把製好的彩券寄給一位久攻不下的難纏大客戶，他已經連續拜訪這位客戶一個半月了，卻連一面也沒見著，打電話，祕書的防護水洩不通，把人拒之門外。沒想到，貝特寄出彩券的第二天，客戶就親自打電話過來了，說：「你這人真幽默，我想看看製作這張彩券的人到底是何方神聖！」

就這樣，不等貝特請求，對方先說出了見面的邀約，後來貝特當然順利地做成了大生意。

幽默是具有智慧、教養和道德上優越感的表現。在人們交往中，幽默更是具有許多妙不可言的功能。幽默的談吐在社交與推銷場合是必要的，它能使那些嚴肅緊張的氣氛頓時變得輕鬆活潑，它能讓人感受到溫厚和善意，使發言人的觀點變得容易讓人接受。

幽默能活潑交往的氣氛。在推銷中正襟危坐，言談拘謹時，一句幽默的話往往能妙語解頤，使來賓們開懷大笑，氣氛頓時活躍起來了。

幽默的語言有時也能使侷促尷尬的推銷場面變得輕鬆和緩，使人立即戒除拘謹不安，它還能調解小小的矛盾。

老舍先生曾舉過一個例子：

一個小孩看到一個陌生人，有著很大的鼻子，馬上叫出來「大鼻子！」假若這位先生沒有幽默感，就會覺得不高興，而孩子的父母也會感到難為情。結果陌生人幽默地說：「就叫我大鼻子叔叔吧！」這就讓大家一笑置之。

當然，幽默只是手段，並不是目的，不能強求幽默，否則反而弄巧成拙。幽默在推銷中還被用來含蓄地拒絕對方的某種要求。

美國前總統羅斯福當海軍軍官時，有次好友問及有關美國新建潛艇基地的情況，羅福斯不好正面拒絕，就問他：「你能保密嗎？」「能！」對方答道，羅福斯笑著說：「你能我也能！」對方一聽也就不再問及此事了。

幽默還可以提高批評效果。美國作家卡爾桑德貝格脾氣很怪，有次卡爾在匆忙中打不開一扇窗門，就揚起雙臂亂喊亂叫起來，這時，他的妻子走了過來，一邊抬頭望著他，一邊用手撫摸著丈夫的胸膛說：「多麼令人提神的好嗓子啊！」卡爾立即不好意思地安靜下來。

在錯綜複雜的推銷過程中，需要因時因地恰當地運用幽默策略戰勝對手。

日本推銷大師齊藤竹之助說：「什麼都可以少，唯獨幽默不能少」。

這是齊藤竹之助對推銷員的特別要求。許多人覺得幽默好像沒有什麼大作用，其實是他們不知道怎麼才能夠學會幽默。讓我們先看看幽默有哪些好處。

不失時機、意味深長的幽默是一種使人們身心放鬆的好方法，因為它能讓人感覺舒服，有時候還能緩和緊張氣氛、打破沉默和僵局。

如果你在推銷時表現出色，那麼客戶也是很願意從你那兒購物的。吉拉德說：「我聽過很多人說他們對外出購車常常感到不方便，但是我的客戶不會這樣說。當有人說與吉拉德做生意是件很愉快的事情時，我相信這句話並不是毫無意義的」。

成功的推銷員大多是幽默高手，因為他們知道幽默會減輕緊張情緒。幽默有助於擺正事情的位置，還是消除矛盾的強有力手段。在尷尬的時候幽上一默，不僅緩解氣氛，還能讓人感到你智慧的魅力，起潤滑作用的幽默是有助於人在各部門中感到舒適自在的一種極佳手段。

缺乏幽默感的人是比較乏味的。在推銷中融進一些輕鬆幽默不失為一種恰當的策略，同時也能使你的生意變得有趣。否則，客戶就會保持警惕，不肯放鬆。

推銷員當著一群客戶推銷一種鋼化玻璃酒杯，進行完商品說明後，他就向客戶作商品示範，就是把鋼化玻璃杯扔在地上來證明它不會破碎。可是他碰巧拿了一只品質沒過關的杯子，猛地一扔，酒杯碎了。

這樣的事情從未發生過，他很吃驚；而客戶們也很吃驚，因為原本已相信推銷員的話，沒想到事實卻讓他們失望。結果場面變得非常尷尬。

在這緊要關頭，推銷員並沒有流露出驚慌的情緒，反而對客戶們笑了笑，然後幽默地說：「你們看，像這樣的杯子，我就不會賣給你們。」大家禁不住笑了起來，氣氛一下子變得輕鬆了。緊接著，這個推銷員接連扔了五只杯子都成功，博得了客戶們的信任，很快推銷出了許多杯子。

在那個尷尬的時刻，如果推銷員也不知所措，沒了主意，讓這種沉默繼續下去，不到三秒鐘，就會有客戶拂袖而去，交易會失敗。但是這位推銷員卻靈機一動，用一句話化解了尷尬的局面，進而使推銷繼續進行，並取得了成功。

當你向上了年紀的客戶做推銷時，千萬別開關節炎之類的玩笑。一旦冒犯了他，你就永遠失去了他的信任。一定要謹慎。當你推銷矯正或修復儀器時，不要觸及客戶的痛處，當你推銷人壽保險的時候，也要注意避開那些病態的、容易引起誤會的敏感區域。

幽默要運用得巧妙，有分寸、有品味。在你打算輕鬆幽默一番前，最好敏感一點，分析分析你的產品和客戶，一定要確信不會激怒對方，因為這種幽默對有些人來說根本不起作用，說不定還會適得其反。譬如，當你和一個嚴肅的人打交道的時候，你明知道他一本正經，喜歡直截了當，你就不能偏要故作幽默。

08 勇氣是最有力的武器

古老的印度流傳著一個美麗的故事，那是有關一隻小松鼠的寓言。

森林中所有的小動物，一直都快樂地生活著。這片茂密的森林，從來沒有發生過什麼大變故，即使偶爾有幾隻猛獸經過，小動物們也懂得將自己妥善地藏匿起來，不至於成為猛獸口中的食物，所以小動物們大都能夠在森林中怡然自得地直到終老。

一日，天神心血來潮，想要測試森林中動物對於危機的應變能力，便從空中揮下了一道閃電，刺眼的電光擊中森林中最大的一株樹木，立時燃起熊熊大火。這陣森林大火一發不可收拾，火舌四處飛竄，席捲了森林中的無數樹木，同時也威脅到所有小動物的生命安全。

驚慌的動物們拼命向森林外緣奔逃，希望能逃出這場大火造成的劫難。但牠們卻不知道，當閃電擊中那棵大樹，大火燃起的同時，在森林四周，被大火引來了無數貪婪的肉食猛獸，牠們也正張開大口、流著饞涎，等候這些小動物們自己送上門來。

在這片森林的動物當中，只有一隻小松鼠和其他的動物不同。牠非但沒有選擇逃難，反倒奮不顧身地向著大火衝了過去。小松鼠在森林中一個即將被烈火烤乾的水塘中，將自己瘦小的身子完全沾濕，然後再衝進火場，拼命抖灑著身上沾附的水珠，希望能緩解正在毀滅森林的火勢。

這時，天神化身成為一位老人，站在小松鼠身前，問道：「孩子，你難道不知道，像這樣的做法對這場大火而言，是根本無法造成任何影響的。」

小松鼠蓬鬆而美麗的大尾巴，已經被炙熱的樹枝烙印出三條黑色焦痕，但牠仍是賣力地用身體沾水，試圖滅火；忙碌中還對天神化身的老者說道：「也許我的力量不足以滅火，但我相信憑著我的努力，至少可以減少森林中幾隻小動物喪生啊！而且，或許因為我的執著，還有可能感動天神，讓天降下甘霖，滅了這場要命的大火也說不定。」

Chapter 3

金牌業務要具備的個人修養

只聽得老者一聲大笑，小松鼠的周遭突然變得清涼無比，大火在瞬間消失無蹤；天神接著伸出手來，在小松鼠燒傷的尾巴輕撫了一下，頓時焦痕變成了三道奇幻瑰麗的花紋，這就是印度最美的三紋松鼠神奇而美麗的故事。

邱吉爾說：「一個人絕不可在遇到危險的威脅時，背過身去試圖逃避，這樣做只會使危險加倍。但是如果面對它毫不退縮，危險便會減半。絕不要逃避任何事物！」

記住：具有成熟心靈的人，不會陷自己於困難當中，而是會勇敢地去面對它、接受它，然後想辦法加以克服、解決。他們不會去乞求，不會絕望，也不會去找藉口逃避。

英特爾公司CEO克萊格貝瑞特，在二〇〇五年五月辭去英特爾總裁一職。貝瑞特的辭職，固然有年歲已高的因素，但是，更大的原因還是自己要求承擔錯誤的結果。在貝瑞特掌舵期間，英特爾正面臨著新興力量AMD的挑戰。市場調查的結果，AMD第一季的市場佔有率為十五%，第二季提高到了十五•五%，後來又提高到了十五•八%。一年前AMD的市場佔有率還只是十四・一％，也就是說AMD在一年內的市場佔有率提高了近一個百分點。

而英特爾的市場佔有率下滑到八十一・九％，第二季，英特爾的市場佔有率為八十二・五％，上一年同期的市場份額為八十三・三％，即比今年高出一・四個百分點。AMD市場佔有率的上升和英特爾市場佔有率的下降給貝瑞特帶來了沉重的打擊。

英特爾的Pentium 4新一代晶片取消上市，一系列產品研發不順，再度迫使該公司屈居規模較小但越來越具爆發力的競爭對手AMD之後。面對這一連串的不愉快事情的發生，貝瑞特難辭其咎，他內心充滿痛苦，需要承擔這一切的大部分責任，他願意也要求承擔錯誤。貝瑞特向英特爾董事會申請辭職。

二〇〇四年十月，在美國佛羅里達舉行的產業會議上，這位全球最大一家公司的首席執行長就曾跪在地上請求原諒。面對眾多媒體記者，面對數千張面孔，貝瑞特敢於跪地請求原諒。我們不得不承認他的能力和膽量。

信念和恐懼不可能同時在你的體內存在，恐懼總是在拖你的後腿，破壞你的夢想，而信念則幫助你成功，幫助你獲得你想要的生活，你必須選擇由什麼來控制你的生活，是恐懼呢？還是信念。

信念是可以建立起來的，不需要太多的信念，哪怕只是一個種子大的信念，都可以在它上面創造一些異樣的東西。當你慢慢有了信念，就知道如何去克服恐懼了，這樣生活將由信念來控制。

一家公司雇用了一個不成熟且缺乏勇氣的年輕推銷員，這位推銷員在經過兩個階段的學習後，對自己能否勝任工作一點把握也沒有，他擔心經理不給他畢業證書。可是，那位經理在對他講了你能做好之類鼓勵性的話後，說道：「喂，你聽著，我要把我想要做的事告訴你，我打算讓你到對街的『絕對可靠的預計客戶』住處去推銷，以往我也總是把新來的推銷員派到那裡去推銷。理由很簡單，因為那個老頭是個買主，什麼時候都買我們的東西。但是，我要預先警告你，他是一個厚臉皮、令人討厭、愛吵架而且滿口粗話的人。你如果去見他，他肯定會對你大吼大叫，彷彿要把你吃掉似的。所以，無論他說什麼，你都不要介意。

我希望你默不作聲地聽著，然後說『是的，先生，我明白了。我帶來了本市最好的印刷業務商談說明，我想這個說明也一定是你想要得到的東西。』總而言之，他說什麼都沒關係，你要堅持你的立場，然後講你要說的話。不要忘記，他不論如何都會向我們的推銷員訂貨的。」

這位被打足了氣的年輕推銷員隨即衝過大街，叫開門進入屋裡，報了自己公司的名字。在頭五分鐘，他沒有機會講上一句話，因為老頭不停地講一些無關緊要的事情，好在這位推銷員事先得到過警告，他耐心地等待暴風雨過去。

最後他說：「是的，先生，我明白了。那麼，這是本市最好的印刷業務商談說明，這樣的商談說明，當然是您想要得到的東西。」這樣一進一退的進攻防禦大約持續了半個小時。之後，年輕的推銷員終於得到了該印刷公司從未有過的最大訂單。

當他開心地把訂單交給經理時說：「您說的關於那位老人的話沒錯。他是個厚臉皮、令人討厭、愛吵架、滿口粗話的人。可是我要對那位可愛的老人說點稍微不同的話：他真是個買主！這是我在公司任職以來獲得的最大的一筆訂單！」。

經理看了一下訂單，滿臉驚訝地說：「你搞錯了吧？在我們遇到的對手中，那個老頭是最吝嗇、最討厭、最好吵架，而且最愛說粗話的老色鬼！這十五年來我們總想讓他買點什麼，可是他連一塊錢的東西也沒買，總之，他從來沒從我們這買過一件東西。」

這個「新手」為什麼能成功呢？毫無疑問，是老闆的話使他充滿了勇氣。一個優秀的推銷員最重要的必備條件就是要具有高昂的工作士氣。工作士氣高昂的推銷員比工作士氣低落的推銷員更能取得優異的推銷成績。任何人體內都隱藏著巨大的潛能，如果掌握了正確的運用方法，就會產生令人大吃一驚的成績。

09

銷售離不開創新

一家公司的貿易業務很忙，節奏也很緊張，往往是上午對方貨剛發出來，中午帳單就傳真過來了，隨後就是快遞過來的發票、運單等。會計的桌子上總是堆滿了各種討債單。

單據太多了，都是千篇一律地要錢，會計常常不知該先付誰的好，經理也一樣，總是大略看一眼就扔在桌上說：「你看著辦吧。」但有一次是馬上說：「付給他。」僅有的一次。

那是一張從巴西傳真來的帳單，除了列明貨物標的、價格、金額外，大面積的空白處寫著一個大大的「ＳＯＳ」，旁邊還畫了個頭像，正滴著眼淚，簡單的線條，但很生動。這張不同尋常的帳單一下子引起會計的注意。也引起了經理的重視，他看了便說：「人家都流淚了，以最快的方式付給他吧。」

經理和會計心中都明白，這個債主未必真的流淚，但他卻成功了，一下子以最快速度討回大額貨款。因為他多用了一點心思，把簡單的「給我錢」換成了一個富含人情味的小幽默，僅這點，就從千篇一律中脫穎而出。

世界上每天都有很多人碰壁，因為他們都在用千篇一律的運作方式，其實一點小小的改進，一種新的方式就會給自己帶來好運氣，這點小小的改進，便是可貴的創新。

敢於創新，會讓你與眾不同。要積極啟動創新思維，訓練自己多角度地看待問題、解決問題的能力，這不僅能讓你的生活充滿樂趣，還能改進你的工作，提高工作效率。

敢於創新，要有打破常規的勇氣，要與慣性思維做鬥爭，還要保持對人對物的敏感性和好奇心。不敢越雷池一步，就永遠跳不出框框的制約。

下一次別人問你會不會某項事情時，別急著說：「不會。」再仔細想想，或許你該試試看，也許你的某項天分就會被發掘出來。

歐文柏林與喬治格希文第一次會面時，已是聲譽卓著的作曲家了，而格希文卻只是個默默無名的年輕作曲家。柏林很欣賞格希文的才華，以格希文能賺的三倍薪水請他做音樂祕書，可是柏林也勸告格希文：「不要接受這份工作，如果你接受了，最多只能成為歐文柏林第二。要是你能堅持下去，有一天，你會成為第一流的格希文。」

著名的滑稽演員查理卓別林也曾學過這個教訓。卓別林開始拍片時，導演要他模仿當時的著名影星，結果他一事無成，直到他開始成為自己，才漸漸成大事。

是的，模仿別人而不能創新，那只能成為別人的影子，要做回真正的自己就必須創新。

盧賓斯坦的內心燃燒著無限的自我創新熱力，憑著這股熱勁，他的進步從未停止過。在每場音樂會的節目中，他常常即興演奏幾曲，這種情形他稱之為「注入一滴鮮血」，甚至在節目當中，他會試著用一種臨時想到的新的方法彈奏。他說：「我承認那樣是十分不妥當的，可是那是發展出另外一種音樂境界的妙法。」鋼琴家塞金說：「他的音樂變得更具激情了，同時也變得更為年輕，好像他彈的每一曲都是首次彈奏似的。」

盧賓斯坦一九一九年在墨西哥城一連二十七次演奏會中，節目除了偶爾重複之外，每場都換新。由於他的創新精神，他的藝術生命永遠是年輕的。一般的藝術家在六十歲便相繼倒下去，而他的藝術之樹卻屹然不倒。

在創新的道路上，難免會碰到障礙，碰到難題。但無論碰到什麼問題，都要抱著試一試的態度，試過了才知道自己行不行。

10 專注於自己的工作

一心一意地專注於自己的工作，是專業人士獲取成功不可或缺的氣質，當你能夠這樣專注地做每件事時，成功也就指日可待了。

當我們著手某項工作時，要全心地投入，千萬不要三心二意，如果你能認真到忘我的程度，就會體會到工作的樂趣，就能克服困難，達到他人無法達到的境界，並獲得相應的回報。

做事專注，是一個員工縱橫職場的良好品格，一個人不能專注於自己的工作，是很難把工作做好的。在現在的社會中，想必沒有企業會喜歡做事三心二意的員工，沒有老闆會重用這樣的員工。就意義上來說，工作專心致志的人，就能更好地把握工作中的機會，才能受到老闆的器重和提拔。

應該努力專注於當前正在處理的事情，如果注意力分散，頭腦不是在考慮當前的事情，而是想著其他事情的話，工作效率就會大打折扣。即使事情再多，也要一件件地進行，做完一件就了結一件事情。全神貫注於正在做的事情，集中精力處理完畢後，再把注意力轉向其他事情，著手進行下一項工作。

謝欣在出版社從事校對工作，她曾為自己定下一條原則：除非有特殊的緊急事件要處理，否則就要全心投入校對工作中。她把所有的精神集中在一件事情上，創造了一個有創意與高效率的工作環境。當她一坐到桌子前，就不再想別的事，就算是手中的書稿校對到剩最後一頁，她也絕不會想著下一部是什麼。她漸漸地發現，這條原則能讓她專心致志，而且很少感覺到校對是一件枯燥無味的工作。她甚至發現一小時的專心工作，可以抵得上一整天被干擾工作的成果。

這就是當你「專心致志於一件事情的時候，好像世界上只有一件事」的狀態所帶來的效果。看看那些職場上取得成功和富有成就感的人，他們不僅養成了專注工作的習慣，還把專注工作看作是自己的使命。很多企業都是將做事是否專注用來衡量一個人職業品質的標準之一，一些企業文化所提倡的「做一行、專一行」就是要求員工在工作中能夠做到專注，全身心地投入，這也是員工務實和敬業精神的主要體現。

如果你在上班的時候，腦子還在掛念今天有什麼球賽，或者回味著昨天夜晚的狂歡，甚至考慮著怎樣完成另外一份工作，那你就連最基本的「專注」都做不到，根本就沒有什麼敬業好談，也更不可能有專精了，你只會在混亂和無助中了結自己的職業生涯。

只有把專注當作工作的使命去努力完成，並逐步養成專注於工作的好習慣，你的工作才會有效率，也會變得更加富有樂趣。

11 推銷員一定要勤奮

推銷員選擇了勤奮，就相當於選擇成功。首先，勤才能補拙。

愛迪生曾說：「天才是一分的天資，加上九十九分的努力」。意思是說，後天的努力才是成功的重點所在。有些人知識能力不足，學習速度不如別人，專業能力也不夠，自己知道在先天條件上比不上別人，仍想出人頭地，唯一可以感動客戶的力量就是這個「勤」字了，而且不乏成功的例子。

曾經有位推銷英文百科全書的超級推銷員，是個只有初中學歷的媽媽，年逾四旬的她在英文上想在短期內速成，根本就是件不可能的任務，只能鑽研推銷技巧以彌補專業上的不足，於是她運用了最原始的本錢——淳樸的外形來打前鋒。首先她拿了一條絲巾包住頭髮，然後再將一套百科全書包在布巾中，外形就像飯盒一般，準備妥當之後就提著去找某家公司的董事長。

當她以這種裝扮出現在公司的祕書面前時，大多數的祕書都以為是董事長的母親帶東西來了，於是絲毫不敢怠慢地引她進董事長辦公室，而當她見到了董事長之後，還沒等對方問話，她就已經將布包打開，把一套百科全書放到辦公桌上面，並說：「我是某某公司職員，聽說這套英文百科全書只有你看得懂，所以想推薦給你，但是你千萬不要問我內容，因為我只有初中畢業而已，我什麼都不懂。」說完後她就低著頭，一動也不動地站在辦公桌前，留下董事長一臉的錯愕。靠著這個辦法，她得到許多訂單，當然大多數客戶會強烈拒絕，然而她卻不死心地堅持以這種方式進行推銷，最後成為推銷界的頂尖高手，這就是勤勞的結果。

作為一個優秀推銷員，對待客戶要勤於接觸。俗話說見面三分情，人與人之間如果有幾分熟悉，說起話來就親切許多，尤其是中國人樸實的個性，比較注重情感的交流，所以客戶的培養必須從勤於接觸開始，找機會和客戶建立友誼，從內心深處真誠地關心他，自然就可以獲得相

對應的認同，面對推銷員的要求，客戶也就不好意思拒絕了。這就是人際關係中，面對面溝通能產生立即而善意回應的功能，特別是在談話之中，若能善用肢體的接觸更可以影響對方的思想。

推銷員也可以用肢體接觸來觸動客戶的注意力，不過在面對女性客戶時，使用這種方式要節制，以免有騷擾的意味，反而不妙。

作為一個傑出推銷員，他們會勤練推銷技巧。沒有人天生就具備超乎常人的推銷能力，任何推銷技巧都必須經由學習才能夠理解與運用，不論是來自於外力提供的知識，或是來自於內心中自我學習的進修。

在學習之後必須借由不斷的練習來提升經驗與膽量，使之自然地成為自己推銷習慣的一部分，長久累積，推銷能力就如同爬樓梯一般，逐層由下而上步步提升，同時也建立起自己扎實的信心，千萬不要好高騖遠，許多不切實際的人往往是說得多做得少，光說不練絕對是無法達到目標的，流於形式和花俏的推銷練習，對於推銷能力是完全沒有幫助的，說穿了只是花拳繡腿，根本不堪一擊。總之，推銷這一行和其他行業一樣，都需要勤奮。勤能補拙，勤奮造就天才。

12 忠誠是立身之本

忠誠建立信任與親密。只有忠誠的人，周圍的人才會信任你、承認你、容納你；只有忠誠的人，周圍的人才會接近你。

老闆在招聘員工的時候，絕對不肯把一個不忠誠的人請進去；客戶購買商品或服務時，也絕不會把錢掏給一個缺乏忠誠的人；與人共事，也沒有誰願意和一個不忠誠的人合作；交友，也不會選擇不忠誠的朋友；組織家庭，更是要看對方對自己是否忠誠，對方又是否值得自己付出忠誠……總之，人活著，就離不了忠誠。

一位才華橫溢、擁有雙博士學位的人，先在牛津修完了法律課程，又在哈佛修完了工商管理課程，而且還寫得一手好文章，在多家報紙上擔任專欄作家，經常到一些大學講授寫作知識，口才也相當棒，他的演講頗具煽動性，能夠把數千人的熱情點燃。這樣的人才，在就業方面應該有很大的選擇餘地。

可是，他卻正在為找工作的事發愁。原來，他的名聲太臭了，幾乎沒有企業願意用他。而名聲之所以臭，是因為他缺乏對企業的忠誠。

一九九三年，他修完了全部博士課程，先是在一家電腦公司擔任市場總監，工作不到半年，他向競爭對手出賣了公司的市場開發機密。

拿到出賣機密的款項，他跳槽到一家製藥企業擔任企劃總監。三個月不到，他聽說另一家製藥企業待遇更好，便以自己掌握有重要的新藥開發資料為誘餌，讓那家企業聘用了他。新東家看中的是新藥開發資料，而不是他這個不忠誠的雙料博士，資料到手後，新東家辭退了他，並將他列入永不聘用的「黑名單」中。

好在當時他的臭名尚未遠播，找工作並不難，很快地又進入了一家電氣公司，新公司聘他做總裁。遺憾的是，這個「人才」更加不珍惜工作機會，再一次出賣了老闆，還把公司一批幹部帶走，自己當老闆去了，開了另一家電氣公司。但自己開的公司沒有存活下去，半年不到就關門了，他只得又去找工作。

但是，到頭來他才發現，最受打擊的，還是他自己，因為他被貼上了「不忠誠」的標籤，成了一個不受歡迎的人，被多個行業的企業列入黑名單，幾乎每個瞭解他情況的老闆都表示絕對不聘用他。

才華洋溢又怎樣呢？缺了忠誠，誰也看不上你的才華。雙料博士找不到工作，這是多麼悲哀的事情。在這個任何人都越來越無法脫離組織和團隊的社會上，個人沒有忠誠就活不下去。

一個喪失忠誠的人，不僅喪失了機會、喪失了做人的尊嚴，更喪失了立足之本。即使是那些從你身上獲取好處的人，也會鄙視你、遠離你、拋棄你。

13 持之以恆才能成功

希拉斯菲爾德先生退休時已經積蓄了一大筆錢，然而他突發奇想，想在大西洋的海底鋪設一條連接歐洲和美國的電纜，隨後，他就開始全心推動這項事業。

前期基礎性的工作包括建造一條一千英哩長、從紐約到紐芬蘭聖約翰的電報線路。紐芬蘭四百英哩長的電報線路要從人跡罕至的森林中穿過，所以，要完成這項工作不僅包括建一條電報線路，還包括建同樣長的一條公路。

此外，還包括穿越佈雷頓角全島共四百四十英哩長的線路，再加上鋪設跨越聖勞倫斯海峽的電纜，整個工程十分浩大。

菲爾德使盡渾身解數，總算從美國政府那得到了資助。然而，他的方案在議會上遭到了強烈的反對，在上議院僅以一票的優勢獲得多數通過。隨後，菲爾德的鋪設工作就開始了。電纜一頭擱在停泊在塞巴斯托波爾港的英國旗艦「阿伽門農」號上；另一頭在美國海軍新造的豪華護衛艦「尼亞加拉」號上，不過，就在電纜鋪設到五英哩的時候，它突然被捲到機器裡，被弄斷了。

菲爾德不甘心，進行了第二次試驗。在這次試驗中，鋪到兩百英哩的時候，電流突然中斷了，船上的人們在甲板上焦急地踱來踱去。就在菲爾德先生即將命令割斷電纜、放棄試驗時，電流突然又神奇地出現，一如它神奇地消失一樣。

夜間，船以每小時四英哩的速度緩緩航行，電纜的鋪設也以每小時四英哩的速度進行。這時輪船突然發生了一次嚴重傾斜，制動器緊急啟動，不巧又割斷了電纜。

但菲爾德並不是一個容易放棄的人。他又訂購了七百英哩的電纜，而且還聘請了一個專家，請他設計一台更好的機器，以完成這麼長的鋪設任務。

後來，英美兩國的科學家聯手把機器趕製出來。最終，兩艘軍艦在大西洋上會合了，電纜也接上了頭；隨後，兩艘船繼續航行，一艘駛向愛爾蘭，另一艘駛向紐芬蘭，結果它們都把電線用完了。兩船分開不到三英哩，電纜又斷開了；再次接上後，兩船繼續航行，到了相隔八英哩的時候，電流又沒有了。電纜第三次接上後，鋪了兩百英里，在距離「阿伽門農」號二十英呎處又斷開了，兩艘船最後不得不返回到海岸。

參與此事的很多人都洩氣了，公眾輿論也對此流露出懷疑的態度，投資者也對這一專案沒有了信心，不願意再投資。這時候，如果不是菲爾德先生跟他百折不撓的精神，不是他天才般的說服力，這一項目很可能就此放棄了。菲爾德繼續為此日夜操勞，甚至到了廢寢忘食的地步，他絕不甘心挫敗。

於是第三次嘗試又開始了，這次總算一切順利，全部電纜鋪設完畢，而且沒有任何中斷，幾條消息也透過這條漫長的海底電纜發送了出去，一切似乎就要大功告成了，但突然電流又中斷了。

這時候，除了菲爾德和他的一兩位朋友外，幾乎沒有人不感到絕望。

但菲爾德仍然堅持不懈地努力，他最終又找到了投資人，開始了新的嘗試。他們買來了品質更好的電纜，這次執行鋪設任務的是「大東方」號，它緩緩駛向大洋，一路把電纜鋪設下去。

一切都很順利，但最後在鋪設橫跨紐芬蘭六百英哩電纜線路時，電纜突然又折斷了，掉入了海底。他們打撈了幾次，但都沒有成功。於是，這項工作就耽擱了下來，而且一擱就是一年。

所有這一切困難都沒有嚇倒菲爾德，他又組建了一個新的公司，繼續從事這項工作，而且製造出了一種性能遠優於普通電纜的新型電纜。一八六六年七月十三日，新的試驗又開始了，並順利接通、發出了第一份橫跨大西洋的電報！電報內容是：「七月二十七日。我們晚上九點到達目的地，一切順利。感謝上帝！電纜都鋪好了，運行完全正常。希拉斯菲爾德。」

不久以後，原先那條落入海底的電纜被打撈上來了，重新接上，一直連到紐芬蘭。現在，這兩條電纜線路仍然在使用，而且再用幾十年也不成問題。

菲爾德的成功證明了只要持之以恆，不輕言放棄，就會有意想不到的收穫。

俗語說：世上無難事，只怕有心人。這個有心，就是有恆心，有了恆心，不輕言放棄，再難的事也能成功。沒有恆心，遇到困難就中途放棄，則一事無成，再容易的事也會成為困難的事。

天下事最難的不過十分之一，能做成的有十分之九。想要成就大事業的人，尤其要有恆心來成就它，要以堅忍不拔的毅力、百折不撓的精神、排除紛繁複雜的耐性、堅貞不屈的氣質，作為涵養恆心的要素。

一個人之所以成功，不是上天賜給的，而是經由日積月累的自我塑造，千萬不能存有僥倖的心理。幸運、成功永遠只屬於辛勞的人，有恆心不輕言放棄的人，能堅持到底的人。

「冰凍三尺，非一日之寒。」從這個自然現象中就能體現出恆心來，一曝十寒，成功的機率幾乎等於零。

現在有一種流行病，就是浮躁。許多人總想一夜成名、一夜致富。比如投資賺錢，不是先從小生意做起，慢慢累積資金和經驗，再把生意做大，而是如賭徒一般，借錢做大投資、大生意，結果往往慘敗。

網路經濟一度充滿了泡沫，有人並沒有認真研究市場，也沒有認真考慮它的巨大風險性，只覺得這是一個發財成名的大餅，一口吞下去，最後沒撐多久，草草倒閉，白白花掉了許多鈔票。

俗話說得好：滾石不生苔，堅持不懈的烏龜能快過靈巧敏捷的野兔。如果能每天學習一小時，並堅持十二年，所學到的東西，一定遠比坐在教室接受四年高等教育所學的多。

正如布林沃所說的，「恆心與耐力是征服者的靈魂，它是人類反抗命運、個人反抗世界、靈魂反抗物質的最有力支持，它也是福音書的精髓。從社會的角度看，考慮到它對種族問題和社會制度的影響，其重要性無論怎樣強調也不為過。」

大發明家愛迪生也說：「我從不做投機取巧的事情。我的發明除了照相術，沒有一項是由於幸運之神的光顧。一旦我下定決心，知道我應該往哪個方向努力，我就會勇往直前，一遍遍地試驗，直到產生最終的結果。」

Chapter 3

金牌業務要具備的個人修養

凡事不能持之以恆，正是很多人失敗的根源。

英國詩人白朗寧寫道：

好高騖遠的人要找一件大事做沒有找到則身已故。

實事求是的人做了一件又一件不久就做一百件。

好高騖遠的人一下要做百萬件結果一件也未實現。

14 能夠原諒他人的過錯

日本的米酒在明治時代前是比較渾濁的，這是不足之處。很多人想了各種辦法，卻找不到使酒變清的方法。

那時有個叫善右衛門的小商人，以製作和經營米酒為生。

一天，他與僕人發生了口角，僕人懷恨在心，伺機報復；他在晚間將爐灰倒入已做成的米酒桶內，想讓這批米酒變成廢品，叫主人吃虧。

幹完了壞事，這個卑劣的僕人逃之夭夭。

第二天早晨，善右衛門到酒廠查看，發現了一個從未有過的現象，原來渾濁的米酒變得清亮了，再細看一下，桶底有一層爐灰。他敏銳地覺得這爐灰具有過濾濁酒的作用，便立即進行試驗、研究，經過無數次的改進之後，終於找到了使濁酒變成清酒的辦法，製成了後來暢銷日本

的清酒。

善右衛門似乎在「一念之間」就釀成了清酒。

要能夠原諒人們的缺點和過失，待人接物，不能對人過於苛求，「水至清則無魚，人至察則無徒」，對別人過於苛求，往往使自己跟別人合不來。社會是由各式各樣的人組成的，有講道理的，也有不講道理的，有懂事的，也有不懂事的，有修養好的，也有修養差的，我們總不能要求別人講話辦事都符合自己的標準和要求。

真正豁達大度者，當那些懂事較少、度量較小、修養較淺的人做了得罪自己的事情時，能夠寬容、諒解他們，不和他們一般見識。從這個意義上說，那些最豁達、最能寬容的人，是最善於諒解人，最通達世事人情的人。

林肯曾用愛的力量在歷史上寫下了永垂不朽的一頁：當林肯參選總統時，他的強敵斯坦頓為了某些原因憎恨他，想盡辦法在公眾面前侮辱他，毫不保留地攻擊他的外表，故意製造事端來為難他。儘管如此，當林肯當選美國總統時，須找幾個人當內閣與他一同策劃國家大事，其中最重要的參謀總長，他不選別人，而是選了斯坦頓。

當消息傳出時，一片喧嘩，街頭巷尾議論紛紛。有人對林肯說：「恐怕您選錯人了吧！您不知道他從前如何誹謗您嗎？他一定會扯您的後腿，您要三思而後行啊！」

林肯不為所動，他回答說：「我認識斯坦頓，我也知道他從前對我的批評，但為了國家前途，我認為他最適合這份職務。」果然，斯坦頓為國家及林肯做了不少的事。

過了幾年，當林肯被暗殺後，許多頌讚的話語都在形容這位偉人。然而，所有頌讚的話語中，要算斯坦頓的話最有份量了。他說：「林肯是世人中最值得敬佩的人，他的名字將留傳萬世。」

為了自己的健康和快樂，我們要原諒我們的敵手，忘記我們的敵人，這樣做實在是很聰明的事。

「原諒你的敵人」，不只是一種道德上的教訓，而且是在宣揚一種二十世紀的醫學。說「要原諒無數次」的時候，是在教我們怎樣避免高血壓、心臟病、胃潰瘍和許多其他的疾病。

醫生們都知道，心臟衰弱的人，一發脾氣就可能送掉性命。因此，當我們恨我們的敵人時，就等於給了他們制勝的力量。那力量能夠妨礙我們的睡眠、胃口、血壓、健康和快樂。要是我們的敵人知道他們如何令我們擔心，令我們苦惱，令我們一心想報復的話，他們一定會高興得跳起來。我們心中的恨意完全不能傷害到他們，卻使我們的生活變得像地獄一般。

「要是自私的人想占你的便宜，就不要去理會他們，更不要想去報復。當你想跟他扯平的時候，你傷害自己的，比傷到那傢伙的更多……」這段話出自於一份由密爾瓦基警察局所發出的通告上。報復怎麼會傷害你呢？傷害的地方可多了。根據雜誌的報導，報復甚至會損害你的健康。「高血壓患者主要的特徵就是容易憤慨，憤怒不止的話，長期性的高血壓和心臟病就會隨之而來。」

要是敵人知道我們對他的怨恨使我們精疲力竭，使我們疲倦而緊張不安，使我們的外表受到傷害，使我們得心臟病，甚至可能使我們短命的時候，他們不是會拍手稱快嗎？

即使不能原諒我們的敵人，至少我們要愛自己。要使敵人不能控制我們的快樂、健康和外表。就如莎士比亞所說的：「不要因為你的敵人而燃起一把怒火，熱得燒傷你自己。」

賀
CHAPTER
4
事半功倍的
生存準則
Business

01 服務客戶是行動準則

哈森是紐約的一位成衣製造商，他打電話給保險公司說：請將自己的一萬美元保險立即停保，要求保險公司退款。這樣的話，這張保單只值五千美元，有好幾位業務員都跟哈森說，你現在這樣做很不划算；他們這樣想，也是為客戶考慮，似乎並沒有什麼問題。但是哈森還是堅決要求退保：「不必囉嗦，把五千美元還給我就是啦！」

當公司的業務高手瑞恩正在跟該區的業務經理聊天時，一個業務員進來請經理簽支票，好支付給紐約的哈森。

經理簽了支票，搖著頭說：「這個紐約保戶，真拿他沒辦法，既頑固又不講理。」

瑞恩問：「我很有興趣知道到底出了什麼事？」

「這位老兄，一定要把保單退掉，即使損失五千美元，也堅持要收回現金。」

瑞恩一聽，興趣來了，說：「我明天恰好要去紐約，順便幫你們送去這張支票如何？」

「那太感謝了，我們求之不得。但是，老兄，您這是給自己找麻煩呀！他在電話裡口氣就好像要殺掉我才肯罷休似的，好像是恨極了保險業務員。只是給您一句忠告：不必浪費時間去說服他。」

瑞恩當即打電話給哈森，哈森要瑞恩把支票寄過去，但瑞恩堅持把支票親自送過去，哈森也就同意了，雙方談妥了見面的時間。

瑞恩的前腳剛踏進哈森的客廳，哈森就開口要支票。

瑞恩說：「您能不能給我五分鐘的時間，咱們談一談？」

哈森一聽就大聲說：「你們這些人都是這個樣子，談、談、談，不停地談。你知道我等這一筆錢，等得有多急嗎？我告訴你，我已經等了三個禮拜啦！現在還要耽擱我五分鐘！告訴你，我沒有時間跟你磨蹭。」

從這開始，哈森大罵以前所有聯繫過的業務員，連瑞恩也罵了進去。

瑞恩仔細地聽著他的高聲辱罵，有時還附和他幾句。他這樣的態度，讓哈森倒覺得不好意思了，漸漸地，他停了下來。

在哈森口不擇言時，瑞恩已經知道，他肯定是急著用現金。因為，作為商人的哈森，不會不知道放棄保單意味著多大的損失，但他還這樣強烈地要求，必定有他的原因。

等哈森安靜下來的時候，瑞恩說：「哈森先生，我完全同意您的看法，實在抱歉，我們沒能給您提供最好的服務，敝公司實在應該在接到您的電話後二十四小時內，就把支票送來。現在我把支票帶來了，有一點我不得不說明，您在這時候停保，損失很大。這是您要的錢，請收下！」

哈森收下支票，說：「你說得沒錯，我要退保，就是為了要拿到這五千美元，好周轉我的資金，你們公司就是不能爽快地把欠我的還我，哼！既然支票已經拿來了，現在你可以走了。」

瑞恩沒有走，他說出的一番話，讓哈森大吃一驚：

「您只要給我五分鐘的時間，我就告訴您如何不必退保，而且還能拿到五千美元。」

「別騙我！」哈森雖然不相信，但是還是忍不住想知道，「說吧，我看你還有什麼把戲。」

「如果您把保單做抵押向本公司借五千美元的話，只需要付出五%的利息，而且保單繼續有效。並且，在這種情況下，如果發生什麼意外的話，本公司仍然付五千美元賠償金給您。這樣您不但可以拿到救急的錢，還可以擁有您的保險。」

哈森一聽這個辦法，立即對瑞恩說：「謝謝您，這是支票，麻煩您幫我辦理這個業務。」

就這樣，瑞恩挽救了一萬美元的保單。原因在於，他是抱著服務客戶的準則來處理這件事情的。一般的業務員，只是告訴哈森，「你放棄保單會遭受損失的」，哈森也知道這個，難道他錢多得要給保險公司送錢嗎？這個資訊是無用的。而瑞恩的辦法是要找到哈森放棄保單的真正原因，然後想辦法幫他解決，這就是服務的精神。

半年以後，瑞恩又去拜訪哈森，哈森的財務危機已經過去。瑞恩為哈森詳細規劃了一下他的保險問題，贏得了哈森的認同，哈森欣然買下一張二十萬美元的保單。在隨後的半年裡，瑞恩又賣給哈森兩筆抵押保險以及一筆意外險。又過了半年，哈森第二次從瑞恩那裡購買了一筆人壽大單。而這一切，都是因為瑞恩的服務精神。

如果你給顧客提供長期優質的服務，你就永遠有忠實的顧客。只有提供更好的服務才是根本。

02 對顧客來說最合適的才是最好的

在客戶和老闆之間，你既要忠於自己的老闆，還要忠於自己的客戶，只有用事實說話，如實介紹產品的優缺點，你才能成為這兩個上帝的忠實僕人。如果你只服務於一個上帝，總有一天你會失敗。

如果顧客知道自己想要尋找一樣具有某些特性的產品，像品牌、價格、顏色等，推銷員要找出符合他需求的物品就會較容易。不過，當顧客並不清楚他想要什麼的時候，你就要把握這個機會，將產品的特性和好處，和他的需要做出配對。

愛麗絲是一位五金店的推銷員，她知道下列資料對於他的顧客是何等重要。

顧客：「我需要這些油漆，每種顏色各要兩桶。」

愛麗絲：「我可以立刻替你把它們調好，你想要些什麼固色劑呢？」

顧客：「我不知道，有什麼可供選擇？」

愛麗絲：「有好幾種，首先請你告訴我，你要用油漆刷些什麼東西，然後我們就從那兒著手。」

顧客：「這個黃色是廚房用，而藍色是客廳用。」

愛麗絲：「我建議廚房用帶有光澤的漆油，因為它能形成硬一點的漆面，讓你在清洗爐具及其他被濺污的地方時更覺容易。至於客廳方面，是普通的家用起居室，還是正統一點用作招待客人的？」

顧客：「客人用的，我們另有一間自己的起居室。」

愛麗絲：「那麼，我會建議你用淺薄的漆油，因為看起來感覺較柔和。雖然不可以時常清洗，但對於你的客廳來說，應該不是什麼問題。」

顧客：「好吧！就替我把這些油漆調好。當我有機會翻新浴室的時候，或者你可再提供給我一些意見。」

愛麗絲憑藉自己的專業知識，和為顧客提供最適合產品的服務，為自己以後的推銷工作鋪了一條康裝大道。

某些對一位顧客十分重要的產品特性和好處，可能對另一個人而言卻無關痛癢。例如，一塊耐用、防銹的桌面對於有小孩的家庭，是一項重要的傢俱特性；但對另一個沒有小孩的家庭來說，那種特性意義卻不大。所以，運用開放式提問去找出顧客所需，就成為你工作的一個重要環節。當顧客向你說明他的需求時，你就要即時想想有什麼產品的特性可以與那些要求互相配合，不要浪費時間跟顧客討論一些對他毫不重要的事情。

利用「誰」、「什麼」、「哪兒」、「何時」、「怎麼樣」或「為什麼」來問顧客，這樣他們給你的回應就會比單純回答「是」或「否」能提供更多的資料。

如果你能夠提供協助顧客做出最佳選擇的資料，他們將會感激你。比如說，顧客未必知道不同的油漆（特性）會帶來不同的效果（好處）。

娜娜是一間書店的推銷員，她知道若要清楚顧客的需求，唯一的途徑就是直接向他們提問。

娜娜：「你今天想為自己買書，還是想選購禮物送給別人呢？」

顧客：「我正想買禮物送給媽媽。」

娜娜：「你媽媽對歷史或文藝有興趣嗎，她有什麼嗜好？」

顧客：「喔，她算是一位電影迷，但是，我相信她已經有很多這方面的書了。我猜媽媽熱衷的其他東西就是她的孫子和烹飪。」

娜娜：「一本新的烹飪書怎麼樣？」

顧客：「我不知道……她正在減肥。」

娜娜：「我有個主意，這邊有本剛出版的烹飪書，收集了電影明星和其他名人所提供的低脂食譜和保健方法，你媽媽可以一方面嘗嘗新食譜，另一方面保持她的減肥計劃，同時也可以多認識一些她有興趣的人物。這本就是……」

顧客：「好主意！她會喜歡那些圖片的。你們有禮品包裝服務嗎？」

這位推銷員最終能夠在特性和好處間找出完美配合，全因她聆聽了顧客的需求。並且為顧客找出了最恰當的物品。

03

推銷員要對自己的工作負責

沒有責任感的推銷員不是一個優秀的推銷員。就算你是一個最普通的推銷員，也要勇於承擔責任；只要擔當責任，你就具備了成為一個優秀推銷員的基本條件。

曾有位三藩市的商人給一位沙加緬度商人發電報，報出貨物價格：「一萬噸大麥，每噸四百美元。價格可以嗎？買不買？」

沙加緬度商人覺得價格太高，不想要成交，可是他在回覆電報中卻漏了一句，結果寫成「不太高」，最後變成要買這批大麥，使自己損失了好幾萬美元。

這只是場簡單的交易，卻能看出這位沙加緬度商人並不負責。同樣，對於公司員工來說，只要在工作中有那麼一點點不負責，粗心大意，就可能在競爭越來越激烈的現代社會中釀成大錯，導致整個企業蒙受損失。

一個缺乏責任感的人，首先失去的就是社會對自己的基本認同，其次失去的是別人對自己的信任與尊重，這樣的人當然就難以得到重用。而那些能承擔責任的人，可能被賦予更多的使命，有資格獲得更大的榮譽。

在很多人看來，自己只是企業裡一名普通員工，沒有什麼責任好扛，只有那些管理階層才要承擔工作上的責任，他們沒有意識到，其實工作本身就意味著職責和義務。

每一個普通員工都有義務、有責任履行自己的職責和義務，這種履行必須源自發自內心的責任感，而不是為了獲得什麼獎賞。工作不單單是賴以生存的手段，除了得到金錢和地位之外，要考慮到自己應盡的責任。

超市裡的一位員工對前來購物的顧客非常冷淡，不僅不主動為顧客提供幫助和服務，有時還會對前來詢問的顧客發脾氣，這令顧客很不滿，但是他自己卻不以為意。一位零售經理在超市視察時，剛好發現了他的

所作所為。

經理看了，非常氣憤地責罵他：「你的責任就是為顧客服務，令顧客滿意，並讓顧客下次還會到我們這來，但你的所作所為就像是在趕走我們的顧客。你這樣做，是在推卸責任，我們企業沒法再信任像你這樣的人，你可以走了！」

這位超市員工由於不負責任使自己失去工作，可說是自作自受。自己的責任就應該主動承擔，不能有任何忽視或推卸。

記住美國前總統杜魯門的一句座右銘：「責任到此，不能再推」。在工作中難免要發生各種錯誤，問題發生後，不應推卸自己的責任，或者為自己尋找藉口，即使再振振有辭，也是件愚蠢的事，不能掩飾個人責任感的缺乏，因為本來老闆還可能打算對你進行培養和提拔，但是你害怕承擔責任、推卸責任的心態將使他很難重用你。

對自己的行為負責，對公司和老闆負責，對客戶負責，這才是老闆最喜歡的員工，也只有這樣的員工才能贏得很好的發展機會。

04

把滿足顧客的需求放在首位

推銷中的為人服務，就是要時刻滿足顧客的需求。想要挖掘顧客對商品的需求，首先應當對顧客的需求種類進行一定的瞭解；每個人都有需求，不可能有沒有需求的人。著名心理學家馬斯洛在潛心研究的基礎上，把人的需求分為五個等級。

生理需求是人類最原始、最基本的需求，包括饑、渴、性和其他生理機能的需求。在一切東西都沒有的情況下，很可能主要的動機就是生理的需求。對於一個處於極端饑餓狀態的人來說，除了食物沒有別的興趣，就連做夢也夢見食物。

當人的生理需求得到滿足時，就會出現對安全的需求；這類需求包括生活得到保障、穩定、職業安全、勞動安全、希望未來有保障，等等。

愛與歸屬也是一大需求。這種需求是指，人人都希望夥伴之間、同事之間關係融洽或保持友誼與忠誠，希望得到愛情，人人都希望愛別人，也渴望被人愛。

另外還有尊重需求。誰都不能容忍別人傷害自己的自尊，顧客也是如此。推銷員要是一不留神，對顧客的自尊心造成了傷害，那就甭想顧客會有好臉色給你，甭想推銷成功。

自我實現的需求是指實現個人的理想、抱負、發揮個人的能力到極限的需求。人的需求是無限、沒有止境的。我們購物時，總是在需求時才購買它，否則是不會掏腰包的。推銷員想要把商品推銷出去，所需做的一件事就是：喚起顧客對這種商品的需求。

只要搭錯一次車，你就到不了目的地，在銷售過程中，可能只說錯了一個字，就無法銷售出你的產品。因此，你跟顧客講的每一句話都要經過深思熟慮。滿足客戶需求是最好的服務，要做到為人服務，就要以滿足客戶需求為己任。

05 有效激發別人的認同

每到六、七月份，從學校畢業的莘莘學子紛紛投入職場。雅蘭是某大學會計系畢業的學生，在校成績不差且自信心很強，畢業後去應徵一家貿易公司的會計職位。

當經理看完她的簡歷後只對她說了一句話：「對不起，我們想請有經驗的員工。」雅蘭乍聽之下雖然有些難過，但馬上回應：「如果每家公司都找有經驗的會計，那麼每年畢業的人如何找到工作，又怎會有工作經驗呢？」此話一出，使得經理當場一陣沉默，於是雅蘭得到了這份工作。

這個例子正是運用了能夠激發別人認同的關鍵字來達到預期的目的。求職者可以這樣做，推銷員對客戶也可以如此。

當初由印度隻身進入中土傳道的禪宗始祖達摩祖師，在傳道的過程中有一連串的傳說。達摩來到一座寺廟，看到眾僧人紛紛進入禪房閉關靜修，這種方式稱為坐禪。達摩一時好奇跟了進去，只見剛開始時大家還能維持清靜，但是一段時間後，許多僧人就開始不耐煩了，有人甚至打起瞌睡。

此時達摩轉身問一位小和尚說：「坐禪所求為何？」

小和尚回答：「可以成佛。」

達摩聽完後一言未發起身離開。不久之後，這些僧人聽到隔壁房間傳來陣陣磨石的聲音，而且聲音越來越刺耳。眾僧人忍受不住，紛紛起身前往察看，卻見達摩拿著一片瓦片在地上不停地來回摩擦，眾人十分疑惑，不知達摩為什麼這麼做，此時達摩抬起頭說：「我要將瓦片磨成一面鏡子。」

眾僧人聽到後一片譁然，認為達摩無異於癡人說夢。

達摩起身向眾僧人說：「磨瓦既然不能成鏡，坐禪又豈能成佛呢？」

眾人於是得到啟示。

過度地執著於一種觀念或方法，而不去瞭解更深一層的意境，到頭來坐禪依舊只是坐禪，瓦片依然只是瓦片，一切都只是在原地踏步而已。禪宗講求的是頓悟的功夫，就是利用某些事物的引申，探討真理的所在，不論是一個動作還是一句話都可以刺激人們，使人獲得衝擊性的答案，進而影響其觀念思想。

推銷員運用推銷技巧時，如果可以運用禪宗的原理，在關鍵時刻以語言有效地衝擊客戶的需求，借此化解客戶心中對商品的疑慮，或讓客戶認同公司穩健經營的作風，增加客戶對售後服務的信心等等，使其產生正面的回應，能讓推銷更加成功。有時，只是很輕鬆地幾句話就可以達到四兩撥千斤的效果。

06 提供更好的服務

各種推銷的區別並不僅僅在於產品本身，最大的成功取決於所提供的服務品質；推銷人員的薪水都來自那些滿意的客戶提供的多次重複合作和仲介介紹。

事實上，如果你堅持為客戶提供優質的售後服務，從兩年後算起，你所有交易的八〇％都可能來自那些現有的客戶。否則，你可能就永遠無法建立與客戶之間的牢固關係及良好信譽。那種不提供服務的推銷人員每向前走一步，可能就不得不往後退兩步。

從長遠看，不提供服務或服務差勁的推銷人員註定前景黯淡，他們必將飽受挫折與失望之苦；他們之中的很多人不可避免地會為了養家糊口而從早到晚四處奔忙，就是這些推銷人員忽視了打好基礎的重要性，他們發現自己每年都像剛出道的新手一樣疲於奔命、備受冷落。所以，對顧客提供最好的、全力以赴的售後服務，並不是可有可無的選擇；相反的，這是推銷人員要生存下去的至關重要手段。

甘道夫是全美十大傑出業務員，歷史上首位一年內銷售超過十億美元的壽險業務員，被稱為「世界上最偉大的保險業務員」。甘道夫在全美五十個州共服務了超過一萬名客戶，從普通工人到億萬富豪，各個階層都有。

他說：「你對你的客戶服務愈周到，他們與你的合作關係就會愈長久。不管你推銷的是什麼，這個法則都不會改變。」

優質的服務可以排除顧客可能有的後悔感覺，大部分的顧客喜歡在買過東西後，得到正面的回應，以確定他們買了最正確的產品。

每完成一筆交易，甘道夫總會寄上答謝卡給他的客戶，即使是最富有的那些。甘道夫有許多成功富有的客戶，他們擁有豪華汽車和別墅，什麼都不缺，然而，他們仍然喜歡收到這些卡片。大部分的客戶每年都會收到生日卡，甘道夫總會在生意談成時，記住客戶的生日，然後在適

當時機寄出一張卡片給他。

此外，每當客戶向他買保險後一周年，甘道夫就會親自登門拜訪。作為一名保險推銷人員，他會詳細記住客戶的資料，比如親戚尚在或已故、結婚或離婚、企業的經營狀況等等。此外，他還會寄給某位客戶可能對他有用的雜誌或報導。

在產品大同小異的情況下，為顧客提供更好的，與眾不同的服務，才是成功之本。

07

客戶利益受損時要賠償客戶的損失

面對客戶的抱怨，要勇於承擔責任，賠償客戶的損失，包括誠心向客戶道歉。當產品有破損欠缺、品質不良、功能不健全、有異物混雜其中，無法履行契約或者讓客戶在精神上受到傷害的時候，都必須儘快以金錢或物品等替代品來進行補償，這麼做才稱得上是滿足客戶的利益。

在我們的日常生活中，經常可以看到群眾因為公害問題和政府對立，最終通常以政府支付損失費用給群眾作為補償而告終。在損害賠償的交涉中，以「賠錢」方式解決矛盾顯得最有誠意。

我們應該建立一種觀念：在生意往來當中，如果確定某件事已造成客戶的損失，並且確定這種損失是由於自己的疏忽造成的，這種情況下就應該用錢、替代品或儘早修理等賠償方式來進行彌補。

假設因為收銀機金額打錯而造成客戶不滿，當場就應將多收的款額還給對方，並當面誠懇致歉。如果因為沒有調查而暫時看不出原因或應補償的差額數量時，便應先禮貌地向客戶說明，請他再給你們一點時間調查事情始末，這時如果稍有怠慢或是拖泥帶水，客戶便會再次抱怨「沒有誠意」。

有關資料顯示：用金錢方式作為補償，其補償的金額往往是買價的特定倍數，商家都是以客戶希望獲得的東西加上道歉作為誠意的表現，這點非常值得參考。值得一提的是，在客戶的抱怨中，有百分之五十是因為品質的關係而產生的抱怨。

只要有關於品質方面的抱怨，就免不了要用錢或替代品來賠償，而這樣的處理方式也正是創造下一個客戶的最好機會。有誠意地以價值以上的金錢賠償損害是決定成敗的關鍵，但也不要白白浪費金錢，應該首先讓客戶覺得「有誠意」，再賠償他們買價的特定倍數就行。

08 負責的態度讓銷售事業更順利

在十月份，一家公司的行銷部經理率領他的團隊去參加某國際產品展示會。

開展之前，有許多事情需要加班趕工，諸如展位設計和佈置、產品組裝、資料整理和分裝等。但行銷部經理率領的團隊中的大多數人，卻和往常在公司時一樣，不肯多做一分鐘，一到下班時間，就跑回賓館或逛大街去了。

經理要求他們加班，他們竟然說：「又不給加班工資，何必呢？」有些更過份的還說：「你也是領薪水的，只不過職位比較高一點而已，何必那麼拼命？」

開展前一天晚上，公司老闆親自來到會場，檢查會場的進度情況。

到達會場已經是凌晨一點，讓老闆感動的是，行銷部經理和一個安裝工人正趴在地上，認真地擦著裝修時粘在地板上的塗料。兩人都渾身是汗，而讓老闆驚訝的是，沒有看見其他的人。

見到老闆，行銷部經理站起來說：「我失職了，沒能讓所有人都留下來工作。」老闆拍拍他的肩膀，沒有責備他，而指著那個工人問：「他是在你的要求下才留下來工作的嗎？」

經理簡單地把情況介紹了一遍：這個工人是主動留下來工作的，在他留下來時，其他工人都嘲笑他：「賣什麼命啊，老闆不在這，累死了老闆也不會看到啊！還不如回去好好地睡上一覺。」

老闆聽完敘述，沒有做任何表示，只是招呼他的祕書和其他幾名隨行人員一同參加工作。

參展結束後回到公司，老闆就辭退了那晚沒有參加趕工的所有工人和工作人員，同時，將與行銷部經理一同工作的那名普通工人提拔為安裝組的組長。

那些被開除的人滿腹牢騷地找人事部經理理論：「我們只不過多睡

了幾個小時的覺，憑什麼就被辭退？而他不過是多做了幾個小時的工，憑什麼當組長？」他們指那位被提拔的工人。

人事部經理的說法是：「用前途去換幾個小時的睡眠，這是你們自己的行為，沒有人強迫你們，怨不得誰。而且我還可以根據這件事情推斷，你們在日常的工作也偷了很多懶，這是對公司極端的不負責任。他雖然只是多做了幾小時的工，但據我們調查，他一直都是個一心為公司著想的人，在平日默默地奉獻了許多，比你們多做了許多事，應該得到提拔。」

這個工人被提拔絕不是偶然，也絕不是失誤，他表現出來的，是強烈的負責精神，是對企業的忠誠，負責的人事業一定會順暢得多。

09

敬業的推銷員出類拔萃

露露是家培訓諮詢公司的電話行銷專員，有天晚上十一點後，她接到一通電話。這時她已經工作一天了，又累又睏。一般人在這個時候都會有些煩躁，她也一樣，當她心想著，趕快結束工作，馬上休息時，電話卻響起了。

打電話來的是一位女士，露露當時問：這麼晚了打電話有什麼事，不能等到明天嗎？

她說不行，因為她看了公司在報紙上的廣告，非常感動，所以不能等到明天。接著，她馬上唸了一段報紙上的廣告詞。

聽到這段廣告詞，露露像觸了電一樣，精神馬上來了，然後仔細地、耐心地聽她講述自己的感受，講述自己的經歷。

這一講就是一個多小時。她努力地克制著自己的睏倦和勞累，盡力熱情地與她相呼應，並認真回答她提出的每個問題。從聲音中露露感覺到，她非常滿意。放下電話，露露看了一下時鐘，已經凌晨一點多了。

第二天根本不用談什麼了，她和她的朋友都報名參加了培訓課程。就是這位在十一點後打電話的女士，在以後的日子裡，先後介紹了近百位學員報名參加了公司的培訓課程。

研究成功者身上的特質，我們會發現最大的特點就是敬業。他們身上都有一種極強的敬業精神，而且，他們的敬業精神在人生的各方面都表現出來，連打電話也不例外。只要拿起電話筒，無論通話的對方是誰都無關緊要，他們一定會認真對待，絕不會隨便敷衍了事。

沒有最好，只有更好，這是敬業員工的座右銘，也是值得每個人牢記一生的格言。但是，有很多員工因為養成了輕視工作、馬虎從事的習慣，對工作敷衍塞責，招致一生碌碌無為，當然就無法出類拔萃。

世界上想做大事的人很多，願把小事做好的人並不多，而敬業的人在工作之中卻無小事。用心去做每件事，不要輕視它，即便是最不起眼的事，也要盡心盡力去完成，因為對大事的成功把握源於每件小事的順利完成。只有踏踏實實地做好現在，才能贏得未來。

剛開始做新聞主播時，安娜被委任的工作是報時和節目介紹，不僅每天的工作內容一成不變，一天之中相同的事情也要重複好幾遍，然而，她最初應徵的卻是記者。因此，那時候她的心情簡直是糟透了，每天都過得相當地鬱悶，表情黯淡。這樣，她的同事、朋友等也慢慢地開始疏遠她，這使她的心情更加沉重，導致了一種惡性循環。

突然有一天，她從中驚醒過來，意識到自己這樣是在浪費青春，虛度光陰。如果自己實在是討厭這份工作，那就立即辭職，否則以目前這種狀態，一年中的大部份時間就會這樣虛度過去。以這種心態來工作，簡直就是在踐踏自己的青春。既然是不得不做下去，倒不如把自己融入到工作中去，使自己樂在其中。經過這樣一番思想轉變，她就開始思考，怎樣才可以在呆板的臺詞中加入自己真正的心裡話，使別人的臺詞成為自己的臺詞。

終於找到了辦法，她發現，每週兩次晚間節目介紹的前十秒鐘是她的自由空間。因為，在那之後的臺詞她無權更改，而之前的十秒鐘則說什麼都行。「紐約昨天颳風了」，「國家森林公園的楓葉紅了」，總之，就在這十秒鐘之內加上她親眼目睹、親耳所聞、真心所感的一些小事情。

從時間上講，不過短短的十秒鐘，但是從這以後，她的心情徹底改變了，每日一句成了她一天中最大的樂趣。不論是走路，還是坐公車，只要頭腦一有空閒，她就思考著今天的十秒鐘說什麼好，怎樣表達才好些。這樣，她原來黯淡的表情重歸開朗，由此又贏得周圍人的友誼。而她那頗具創意的每日一句，也在聽眾中贏得廣泛好評，原本僵硬死板的節目介紹，因為她的一句妙語而變得無限溫馨。同時周圍的朋友也對她大加讚賞，這些讚美激勵著她，進而工作越做越好。不久，她就被提拔到了更重要的工作崗位。

做好你的本職工作，讓你的敬業指導你做好工作並去感染身邊的每一個人如果你想成功，就必須選擇敬業，敬業讓你出類拔萃。

10 讓自己公司的人滿意

推銷員的顧客不只經銷商和消費者，還包括自己公司的員工和股東，在滿足經銷商、消費者利益的同時，也要最大限度地讓自己公司滿意。

推銷是為「滿足顧客和創造市場」而存在，過去的推銷幾乎都只專注於滿足經銷商和消費者的需要，而忽略了員工和股東的心聲。事實上，員工和股東的重要性絕不亞於經銷商或消費者。

企業所生產的商品或服務，如果連員工、股東都不滿意，不願意購買，那麼如何推銷給經銷商和消費者呢？因此，員工和股東的滿意應更優先於經銷商和消費者才對。把員工和股東當作顧客，他們都滿意了，還愁有不滿意的顧客嗎？

可是很多企業的員工或股東，幾乎都不願和企業成為榮辱與共、唇齒相依的命運共同體，他們寧願購買競爭者的產品，也不願購買自己生產的產品。

這對企業來說都是無形的殺手，最根本的補救之道，就是改變對待員工和股東的態度，將這些人當作顧客，使其最終成為最忠誠的消費者，讓這些人都能滿意，有了這些滿意的顧客作基礎，才能創造更多更大的市場。

許多企業都致力於將商品或服務變成「顧客的第一選擇」，但在成為「顧客的第一選擇」之前，更應思考如何成為「員工與股東」的第一選擇。試想，裕隆汽車的高級主管，坐的是豐田汽車，看到的人會有何感想？三星公司經理家中客廳擺的是SONY電視機，客人會有何反應？

所以，未來的推銷，不論推銷的是產品或服務，對於顧客的定義，絕不可局限於外部的經銷商或消費者，內部的員工和股東也應一視同仁。

日本東京首屈一指的大倉飯店如今已被雜誌評選為全球十大飯店之一，該飯店的服務以精緻入微著稱，而其視員工為顧客的企業文化，則是凝聚員工向心力和敬業心的主要動力。譬如，其員工餐廳的設備就不亞於顧客使用的餐廳，內部光線明亮，裝潢典雅，還有二十五名專屬的廚師。員工用餐時不但可以同時欣賞優美的音樂，而且獲得與顧客相同的美食與服務品質。員工的自尊心和榮譽感就在這種環境和氣氛中獲得提升，使他們樂於為顧客服務。

企業的價值，並不在於它擁有多少顧客，而在於顧客對企業的看法和評價。如果連員工和股東對企業都持負面的看法和評價，企業還有什麼價值可言。

贏家 32

賀成交！超級業務金牌手冊

編著：林文豪
出版者：大拓文化事業有限公司
執行編輯：林秀如
封面設計：林鈺恆
內文排版：姚恩涵

總經銷：永續圖書有限公司
劃撥帳號：18669219
地址：22103 新北市汐止區大同路三段一九十四號九樓之一
TEL (〇二)八六四七—三六六三
FAX (〇二)八六四七—三六六〇
E-mail yungjiuh@ms45.hinet.net
網址 www.foreverbooks.com.tw

CVS代理：美璟文化有限公司
TEL (〇二)二七二三—九九六八
FAX (〇二)二七二三—九六六八

法律顧問：方圓法律事務所 涂成樞律師

出版日◇二〇一九年七月

國家圖書館出版品預行編目資料

賀成交!超級業務金牌手冊 / 林文豪編著. -- 初版.
-- 新北市：大拓文化, 民108.07
面； 公分. -- (贏家；32)
ISBN 978-986-411-099-5(平裝)
1.銷售 2.銷售員 3.職場成功法

496.5　　108007804

TALENT Tool

謝謝您購買 賀成交！超級業務金牌手冊 這本書！

即日起，詳細填寫本卡各欄，對折免貼郵票寄回，我們每月將抽出一百名回函讀者寄出精美禮物，並享有生日當月購書優惠！

想知道更多更即時的消息，歡迎加入“永續圖書粉絲團”

您也可以利用以下傳真或是掃描圖檔寄回本公司信箱，謝謝。

傳真電話：（02）8647-3660　　信箱：yungjiuh@ms45.hinet.net

☺ 姓名：　　□男　□女　　□單身　□已婚

☺ 生日：　　□非會員　　□已是會員

☺ E-Mail：　　電話：（　）

☺ 地址：

☺ 學歷：□高中及以下　□專科或大學　□研究所以上　□其他

☺ 職業：□學生　□資訊　□製造　□行銷　□服務　□金融

□傳播　□公教　□軍警　□自由　□家管　□其他

☺ 您購買此書的原因：□書名　□作者　□內容　□封面　□其他

☺ 您購買此書地點：　　金額：

☺ 建議改進：□內容　□封面　□版面設計　□其他

您的建議：

廣告回信
基隆郵局登記證
基隆廣字第 57 號

新北市汐止區大同路三段一九四號九樓之一

大拓文化事業有限公司收

請沿此虛線對折免貼郵票，以膠帶黏貼後寄回，謝謝！